汉竹编著●亲亲乐读系列

儿童小饭桌：
从早餐到晚餐

苏州工业园区宋庆龄幼儿园／主编

李宁／主审

江苏凤凰科学技术出版社

·南京·

图书在版编目（CIP）数据

儿童小饭桌：从早餐到晚餐／苏州工业园区宋庆龄幼儿园主编 .— 南京：江苏凤凰科学技术出版社，2022.01（2024.06重印）

（汉竹·亲亲乐读系列）

ISBN 978-7-5713-2454-4

Ⅰ.①儿…　Ⅱ.①苏…　Ⅲ.①儿童 - 保健 - 食谱　Ⅳ.① TS972.162

中国版本图书馆 CIP 数据核字（2021）第 202143 号

儿童小饭桌：从早餐到晚餐

主　　　编	苏州工业园区宋庆龄幼儿园	
编　　著	汉　竹	
责 任 编 辑	刘玉锋	
特 邀 编 辑	陈　岑	
责 任 校 对	仲　敏	
责 任 监 制	刘文洋	

出 版 发 行	江苏凤凰科学技术出版社
出版社地址	南京市湖南路 1 号 A 楼，邮编：210009
出版社网址	http://www.pspress.cn
印　　刷	南京新世纪联盟印务有限公司

开　　本	720 mm×1 000 mm　1/16
印　　张	15
字　　数	300 000
版　　次	2022 年 1 月第 1 版
印　　次	2024 年 6 月第 10 次印刷

标 准 书 号	ISBN 978-7-5713-2454-4
定　　价	46.00 元

图书如有印装质量问题，可向我社印务部调换。

导读

孩子进入幼儿园或者小学后，哪些营养知识是家长必须知道的？

在为孩子做饭时，有哪些注意事项？

处在生长发育期的孩子，需要摄入哪些必需的营养元素？

……

针对家长的疑问，苏州工业园区宋庆龄幼儿园营养团队为家长带来权威、实用的饮食指导，解答孩子成长发育过程中可能遇到的种种饮食问题。15个家长必知的营养常识，为孩子的学习打好营养基础；15种成长发育必须营养素，助力大脑发育，让家长成为孩子的专属营养师。

本书精选了受孩子一致好评的350道营养餐。幼儿园自创营养水，提高免疫力，让孩子告别"上学就生病"的魔咒；9种常见疾病调理方案，让孩子好得更快；8类功能性营养餐，针对性调养，让孩子长得高，更聪明；还有不单调的一日三餐，让孩子提高免疫力的四季饮食，健康安全的零食、烘焙、便当……

所列食谱做起来方便简单，每一道都注明了营养成分，让父母做得轻轻松松、明明白白。有了这本书，从此不必为孩子的吃饭问题发愁。

每位家长都有一个心愿，那就是希望孩子快乐地吃饭，健康地成长！愿家长在这本书的帮助下，与孩子共同收获美好的人生！

目录

第**2**章

补对营养素，身体棒、学习好

第 3 章

吃对食物，长得高、变聪明

第 **4** 章

快手早餐：给孩子注入满满活力

第 **5** 章

能量午餐：营养健康，吃得安全

第 **6** 章

健康晚餐：无负担、不长胖

第 **7** 章

无添加零食：好吃又减压

四季饮食调养：不咳嗽、少过敏、养脾胃

第 **9** 章

生病调理食谱：让孩子好得更快

好的饮食习惯，改变孩子一生

第 **1** 章

家长必读的
喂养知识

五谷杂粮都要吃，肠道好、不便秘

古人说"五谷为养"，为孩子选择五谷杂粮是很有必要的。从营养学的角度说，杂粮、粗粮比精米、精面含有更多的维生素和矿物质；从健康学的角度说，粗粮中的膳食纤维有助于孩子肠胃的蠕动，能促进正常排便，使孩子不易便秘；从生长发育的角度说，粗粮可以更好地锻炼孩子的咀嚼能力。

但是，不要给孩子吃纯粗粮，这对孩子娇嫩的肠胃是不利的。可以将适当比例的精米（或精面）与杂粮、粗粮混合后炖煮，这样不仅口感好，还更容易消化吸收。3岁以上的孩子，主食中的全谷类食物可占1/3左右，比如早餐吃全麦面包，中午吃白米饭加煮玉米，晚上吃杂粮饭或杂粮粥。

深色蔬菜助力长高

深色蔬菜是指深绿色、红色、橘红色、紫红色的蔬菜。它的营养价值一般优于浅色蔬菜，富含钙、铁、核黄素、β-胡萝卜素、维生素A、维生素K等。深色蔬菜中的维生素K还有利于钙沉积到骨胶原上，如多吃芥蓝、菠菜、西蓝花等深色蔬菜，将有助于孩子的骨骼健康，孩子会长得更高。

常见的深绿色蔬菜有菠菜、油菜、西蓝花、芹菜（叶）、空心菜、莴笋（叶）、小葱、茼蒿、韭菜等。常见的红色、橘红色蔬菜有番茄、胡萝卜、南瓜、红甜椒等。常见的紫红色蔬菜有红苋菜、紫甘蓝等。吃深色蔬菜的理想方式是熟食而非生吃，因深色蔬菜富含水溶性维生素，如维生素C。烹调时应该避免爆炒，烹饪温度不宜过高，应清淡少油。

因为人体必需的氨基酸含量齐全、比例适当，所以鱼、禽、蛋、瘦肉等动物性食物中的蛋白质都属于优质蛋白。而优质蛋白是维持孩子正常生长发育的必要营养素，家长应该保证孩子每天都能摄入适量的优质蛋白，纯素饮食模式并不适合正处于快速生长发育期的儿童。

常吃鱼、禽、蛋、瘦肉，提高免疫力

当然，因为肉类食物脂肪含量也很高，所以建议以鱼、禽为主，此类食物中的多不饱和脂肪酸含量更高，而畜肉饱和脂肪酸含量高些，建议选择食用瘦肉。煮鸡蛋是性价比最高的优质蛋白来源。蛋黄不仅富含蛋白质，还富含维生素A、卵磷脂等营养物质。

孩子可以每天吃1个鸡蛋、适量的畜肉和禽肉；每周吃2次鱼(虾)，要保证质量；每周可以吃1次或2次动物内脏，每次不超过50克。

水果要适量，吃太多影响正餐，易蛀牙

水果酸酸甜甜，富含多种维生素、矿物质及膳食纤维，但也并非多多益善。一是因为味道酸的水果中含有较多果酸，会对孩子的胃产生一定的刺激。二是因为水果含糖量比较高，吃太多容易引起蛀牙及肥胖。三是因为水果中85%以上都是水分，蛋白质含量不足1%，且几乎不含人体所必需的脂肪酸。因此吃太多水果会影响孩子的正餐，减少孩子对蛋白质和脂肪的摄入，影响正常的生长发育。

针对不同年龄段的儿童，水果的摄入量是有区别的。4~6岁的儿童为每天大约150克，7~10岁为每天150~200克，11~13岁为每天200~300克。

牛奶每天不低于300毫升

牛奶是优质蛋白质的重要来源，其所含酪蛋白、乳白蛋白和乳球蛋白绝大部分能被人体消化、吸收，有助于促进儿童的生长发育。同时，牛奶中的有机钙含量较高，且容易被吸收。

每100毫升牛奶约含3克蛋白质，儿童每天喝牛奶，加上一日三餐所吃的主、副食，实现每天的蛋白质摄入目标会容易得多。中国营养学会推荐，4~6岁的儿童钙摄入量为每日800毫克，7~10岁为每日1000毫克，11~13岁则为每日1200毫克。因此，儿童每天喝牛奶可保障稳定摄入优质蛋白和有机钙。《中国居民膳食指南（2022）》建议，3岁以上的儿童每天应喝300毫升以上的牛奶，且将其作为一生的习惯。

1克脂肪能供给9千卡热能，而儿童一日所需热能的30%最好由脂肪来提供。适量的脂肪有助于儿童对脂溶性维生素的吸收和利用。此外，脂肪还是好几种激素的前体，可促进儿童正常发育。更重要的是，脂肪中的不饱和脂肪酸是构成大脑及其他神经组织的重要原料，与儿童的智力发育关系密切。而脂肪中的亚油酸更是细胞的组成部分，可维护儿童的微血管。

理论和实践都表明，儿童膳食中脂肪的比例应比成人高，如此才能保证儿童身心、智能、性发育的需要。

脂肪是必需的营养,不要拒绝

零食是3~12岁儿童日常营养的补充，是儿童饮食的重要内容。

家长应选择卫生、营养丰富的食物作为孩子的零食。水果和能生吃的新鲜蔬菜含有丰富的维生素、矿物质和膳食纤维；奶类、大豆及其制品可提供丰富的蛋白质和钙；坚果，如花生、瓜子、核桃等富含蛋白质、多不饱和脂肪酸、矿物质和维生素E；谷类和薯类，如全麦面包、麦片、红薯等也可作为零食。但油炸、高盐或高糖的食品不宜作为零食。

零食是有必要的，但要注意种类的选择

给孩子选零食，配料表要看清

挑选零食，很重要的一点是读懂配料表和营养成分表。按照我国食品标签法，食品标签需标示每100克食物所提供的能量和各种营养素的含量，并标示其占全天营养素参考值的百分比（NRV%）。家长应重点关注4种成分的信息。

盐：中国营养学会建议，1~3岁儿童每天钠摄入量为700毫克，4~6岁为900毫克，7~10岁为1200毫克，11~12岁为1400毫克。如果某零食营养成分表标注的钠含量超过孩子的每日需求，就应该果断放弃。

糖：中国营养学会建议，成人每日摄入糖最好控制在25克以下，儿童应低于此标准。家长要关注配料表和营养成分表中糖分的信息，选择低糖或无糖零食。需要注意的是，除了常见的蔗糖、白砂糖，零食中还常添加麦芽糖、乳糖、葡萄糖、果葡糖浆等。如果某零食添加了多种糖分，其含糖量很有可能超过儿童每日需求。

添加剂：为了提升味道和视觉效果，零食中往往会添加大量的添加剂，如甜味剂安赛蜜、阿斯巴甜，色素胭脂红、日落黄，防腐剂山梨酸钾，增稠剂卡拉胶等。过量的添加剂有可能会对儿童的身体造成伤害，家长在选购零食时，一定要留意。

脂肪：摄入过多脂肪容易导致肥胖，家长要为孩子选择低脂零食。当然，还要注意配料表中反式脂肪酸的信息，含有植物黄油、植物奶油、代可可脂、氢化植物油、人造黄油、人造奶油、起酥油等成分的零食慎选或不选。

西式快餐，也就是我们通常说的"洋快餐"，它方便快捷、口味时尚，深受孩子的喜爱。有些孩子甚至把西式快餐作为家常便饭，三天两头地吃。

从营养和健康的角度说，孩子应少吃西式快餐。这是因为绝大多数西式快餐使用油炸或烧烤的加工方式，如炸薯条、炸鸡块、烤鸡翅等；同时还有很多甜品，如"派"、饮料、冰激凌、奶昔等。这些都属于高热量、高脂肪、高糖、高盐的食物。

此外，西式快餐中蔬菜很少，所含人体必需的各种维生素、矿物质和膳食纤维含量都很低。经常或过量吃西式快餐会造成孩子体重超标或肥胖，甚至造成血脂、血糖、血压超标。

加拿大科研人员发现，高脂肪的西式快餐还会损害儿童正在发育的神经系统，对大脑思维造成永久性伤害。

室温下，果糖的甜度约是葡萄糖的2倍、白糖的1.7倍，所以作为甜味剂，果糖被广泛添加到果汁饮料、果味汽水、碳酸饮料、清凉饮料中。

现在有不少孩子爱喝以上含糖饮料。这些饮料很容易引起饱腹感，使孩子正餐时没有食欲。而饭前喝饮料，还会稀释胃液，影响对食物的消化吸收，引起厌食、消化不良。同时，流行病学研究表明，在排除体重等影响因素之后，摄入含糖饮料或食品添加糖多的人，血液尿酸显著高于其他人群。此外，碳酸饮料还容易引起钙的代谢发生变化，诱发肾结石，使肾脏受损。所以，儿童应尽量做到少喝或不喝含糖饮料，更不能用饮料替代饮用水。

3~12岁的孩子肾脏发育尚未完善，盐摄入量增加会给他们的健康带来很多影响。而吃盐多是导致儿童患高血压的重要原因之一。调查显示，我国儿童高血压患病率达17.6%。孩子每多吃1克盐，超重或肥胖风险就增加23%，以后还将面临患心脏病、糖尿病、胃癌等疾病的风险。此外，吃盐多还会影响钙的吸收，导致孩子抵抗力下降、肾脏功能受损、智力发育受到不利影响。高盐能增加高脂、高热量食物的美味度，从而刺激孩子吃更多食物。

因此，为避免孩子摄入太多盐分，养成"重口味"的不良饮食习惯，家长可采用"餐时加盐"的方法，即在菜起锅时加盐，这样盐只会附着在菜的表面，只需少量盐就能达到调味的目的。对成人和孩子来说，清淡饮食对健康都是很有益的。

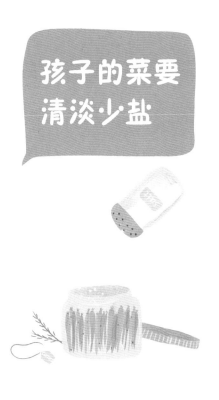

孩子的菜要清淡少盐

给孩子做饭尽量少放味精

味精的主要成分是谷氨酸钠，鸡精则是在味精的基础上添加其他物质，如糊精、白糖、核苷酸、盐及鸡肉粉等混合而成的。

关于谷氨酸钠对健康的影响一直存在争论。20世纪60年代，有人在《新英格兰医学杂志》上发表短文，描述在中国餐馆吃饭时出现四肢发麻、悸动、浑身无力等症状。但科学研究表明，此类症状与味精其实没有直接关系。

当然，这并不意味着孩子就可以大吃味精和鸡精。原因有两个：其一，使用味精和鸡精会增加孩子的摄盐量。味精的主要成分是谷氨酸钠，虽然不是盐，但含钠量不算低。而鸡精中除了含有谷氨酸钠，还额外添加了盐。其二，对孩子来说，早早养成嗜食"鲜味"的饮食习惯，将来可能会难以接受天然的原味食品。所以，3~12岁孩子的菜肴中要尽量少放或不放味精和鸡精。

再喜欢也不能多吃，小心吃伤了

再爱吃的东西也要适量吃，否则再好的食物吃太多也可能会有害健康。面对食欲很好的孩子，家长一定要控制好食物的分量，否则孩子可能会"吃伤了"，导致消化不良，出现腹泻、恶心、呕吐、腹胀和腹痛等症状。经常吃伤食还会造成孩子营养不良和肠胃功能紊乱。

针对孩子吃伤了，家长应立即减少孩子的进食量，甚至可以停食1餐或2餐。可让孩子吃清淡、易消化的食物，如米汤、白米粥等。限制摄入高蛋白、高脂肪和高膳食纤维的食物，如肉类、油炸类、大量的蔬菜和水果等，让孩子的胃肠道得到充分的休息。

同时，要引导孩子养成定时定量进食的习惯，学会细嚼慢咽，不暴饮暴食，不随时随意吃零食。注意饮食均衡，不过量吃高脂肪类食物。

吃动平衡，预防肥胖

在我国，儿童肥胖率呈明显上升趋势。抛开遗传因素，导致儿童肥胖的个人因素包括饮食习惯、运动习惯和生活习惯等。有研究发现，肥胖儿童通常贪食、挑食、偏食，爱吃甜食、肥肉、油炸烧烤食品，爱喝含糖饮料；不吃早餐，晚睡，久坐不动。

对于已经肥胖或有肥胖倾向的儿童，在保证正常生长发育的前提下，家长要调整其膳食结构，控制其总能量摄入，减少高脂肪、高热量食物；合理安排三餐，食物多样，让孩子适当多吃杂粮、蔬菜、水果和豆制品，避免喝含糖饮料。同时，逐步增加孩子的运动频率和强度，引导孩子养成运动生活化的习惯，减少久坐时间。

需要提醒的是，寒暑假期间，家长一定要安排好孩子的生活，不少孩子会因为假期里饮食不规律、活动少而变胖。

在11岁之前，男孩和女孩在饮食方面没有太大差别。从11岁开始，男孩和女孩相继步入青春期，饮食就有了差异。人在青春期的生长速度仅次于婴儿期，除了身高、体重急速增长外，最明显的是生殖系统的成熟与第二性征的出现，因此需要足够的热量及营养素供给成长与活动所需。

男孩青春期内骨骼和肌肉迅速发育。因为好动，热衷于体育锻炼，男孩较女孩食欲大，更容易饿，食物摄取量比女孩要多，以供给身体及额外体能消耗所需要的营养。还需多饮水及食用水果、果汁来补充身体所需的水分与矿物质。

男孩、女孩的饮食各有侧重

青春期内，女孩身体变化极大，身高、体重会增加，乳房发育，月经来潮，整个身体每天消耗的能量为成人的1.25倍。因此女孩除必须摄入足量的碳水化合物，还必须摄取足够的钙、铁、维生素A、硫胺素、核黄素、烟酸、维生素C等。如果青春期内营养不良，便会出现身材矮小、发育迟缓或发育不良、月经来迟。

家长要注意的是，粮食谷物主要提供碳水化合物和热量，肉类、水产等主要提供蛋白质与脂肪，蔬菜与水果是维生素、矿物质的主要来源，而牛奶和酸奶则提供大量的钙和优质蛋白。只有各种食物合理搭配，才能实现营养成分的互补，满足男孩和女孩机体的需要。

青春期的男孩和女孩饮食有差异，父母应根据孩子的实际生理需求制定合理的膳食方案。

成为孩子的专属营养师

第 2 章

补对营养素，
身1体棒、学习好

钙：让骨骼更强壮

钙是人体中含量多、需求量大的一种矿物质，是构成骨骼和牙齿的主要成分，参与维持神经与肌肉的正常兴奋性，是人体生命活动的"调节剂"，对人体健康至关重要。

每日需求量

对3~12岁的中国儿童来说，一日三餐正常、营养均衡，一般不会缺钙。但为促进钙的吸收，每日还需摄入10微克的维生素D。中国营养学会推荐，3~12岁的儿童钙摄入量随年龄由每日800毫克递增至每日1200毫克。因此，在保持每日不低于300毫升奶量的基础上，家长还需要通过豆类（如黄豆）、坚果（如花生、杏仁）、豆腐、河虾、绿叶蔬菜（如荠菜）、芝麻酱等含钙量较高的食物为孩子补钙。

常见食物中钙的含量（毫克/100克）

食物名称	钙含量	食物名称	钙含量
虾皮	991	扇贝	142
全脂奶粉	676	牛奶（鲜）	104
芝麻	620	小白菜	90
河虾	325	鲫鱼	79
荠菜	294	西蓝花	67
豆腐	164	豆浆	10

钙不是补得越多越好

3岁以上儿童，推荐每日饮奶300~400毫升。但喝奶不是越多越好，大量喝奶有可能影响其他食物的摄入，从而导致某些营养物质缺乏，如铁等。如果确定孩子需要补钙，那以下几点值得注意。

①不同的制剂含钙量相差较大，购买时要注意包装上标明的钙元素量。年龄较小的孩子吞咽能力差，可以选择液体型或咀嚼型的钙剂。

②不要空腹服钙剂，这会影响钙的吸收。推荐饭后1小时服用钙剂，最好是晚饭后。因为夜间血钙浓度较低，钙吸收率相对高一些。

③肠道吸收能力有限，摄入过多的钙会使大便干结，有发生肾结石的危险。同时，肥肉也不宜与钙剂同食。

奶酪鸡翅

材料

鸡翅4个，黄油、奶酪各50克，盐适量

做法

❶ 提前将鸡翅洗净，从中间划开，撒上盐腌制1小时。

❷ 将黄油放入锅中，完全熔化后，将鸡翅放入锅中。

❸ 小火将鸡翅彻底煎熟，奶酪擦成碎末，均匀地撒在鸡翅上。

这么吃长得高

奶酪属于高钙食品，孩子适量摄入有利于补钙、长个子。但这道菜热量也很高，要控制摄入量。

蛋白质　钙　维生素A

虾仁蒸蛋

材料

干香菇3朵，虾仁2个，鸡蛋1个，盐、芝麻油各适量

做法

❶ 干香菇温水泡发，去蒂，洗净，切碎；虾仁洗净，切碎。

❷ 鸡蛋打散成蛋液，加凉开水、盐拌匀，放入蒸锅隔水蒸至半熟。

❸ 将香菇碎、虾仁碎撒在鸡蛋羹表面，蒸熟后，淋少许芝麻油调味即可。

这么吃长得高

虾仁和鸡蛋含有丰富的钙，两者同蒸，味道鲜美，温软适口。虾仁还含有丰富的铁、硒等营养素，可提高孩子免疫力。

蛋白质　钙

铁：消灭贫血，注意力更高

铁是人体必需的微量元素之一，它参与血红蛋白与胶原蛋白的合成，以及抗体的产生，对维持儿童正常免疫功能发挥了一定的作用。处于生长发育期的儿童、青少年患缺铁性贫血，容易导致身体发育受阻、体能下降，产生注意力与记忆力调节障碍，学习能力下降。

每日需求量

对中国儿童来讲，处于不同年龄段，铁推荐摄入量略有不同。如3岁的儿童每日推荐铁摄入量为9毫克，4~6岁为10毫克，7~10岁为13毫克。

11岁及以上年龄的儿童进入青春期，女孩开始出现月经初潮，铁随经血排出体外，因此女孩铁推荐摄入量相应较高。如11~13岁的男孩每天铁推荐摄入量为15毫克，女孩则为18毫克。

常见食物中铁的含量（毫克/100克）

食物名称	铁含量	食物名称	铁含量
黑木耳（干）	97.40	鸡肝	12.00
紫菜（干）	54.90	虾米	11.00
鸭血（白鸭）	30.50	黄豆	8.20
芝麻（黑）	22.70	羊肉（瘦）	3.90
猪肝	22.60	牛肉	3.40
口蘑（白蘑）	19.40	菠菜	2.90

血红素铁吸收率高

铁广泛存在于多种食物中，如动物性食物（动物肝脏、动物血、羊肉、牛肉）和植物性食物（黑芝麻、口蘑、黄豆、红豆）。动物性食物所含铁为血红素铁，植物性食物所含铁为非血红素铁。血红素铁易于吸收，吸收率可达15%~35%，非血红素铁吸收率在3%~5%，远不如血红素铁高。因此，通过食物补铁的最好方法就是食用富含血红素铁的食材。而维生素C会促进铁的吸收。因此，膳食中保证足量的新鲜蔬菜、水果（猕猴桃、鲜枣）对于儿童补铁十分重要。

鸡汤小馄饨

材料

虾仁末50克，鸡蛋1个，馄饨皮、香菜碎、虾皮、鸡汤、盐、植物油各适量

做法

❶ 鸡蛋打散成蛋液，入油锅摊成蛋皮，盛出切丝。

❷ 虾仁末加盐拌成馅，包成馄饨。

❸ 鸡汤煮沸，下馄饨煮熟盛出，撒上鸡蛋丝、虾皮、香菜碎即可。

这么吃更聪明

虾仁肉质松软，易于消化，除了含钙量高以外，还含有丰富的铁，有利于预防孩子发生缺铁性贫血。

碳水化合物　蛋白质　铁　钙

鸡肝拌菠菜

材料

菠菜3颗，鸡肝50克，虾米、盐各适量

做法

❶ 菠菜洗净，焯熟，切段；鸡肝洗净，切片，汆水。

❷ 将菠菜放入碗内，放入鸡肝片、虾米，再加盐调味，拌匀即可。

这么吃更聪明

鸡肝富含铁、维生素A等，建议每周给孩子吃1次或2次肝类。

铁　维生素A　胡萝卜素

锌：维护孩子免疫力

在世界卫生组织已确认的14种人体必需微量元素中，锌占据着重要的位置。锌广泛分布在人体组织中，几乎参与人体内所有代谢的过程，是体内核酸和蛋白质合成过程中必不可少的微量元素，对生长发育、智力发育、免疫功能、物质代谢和生殖功能等均具有重要作用。

每日需求量

中国营养学会在《中国居民膳食营养素参考摄入量》中推荐锌的每日摄入量：3岁儿童为4毫克；4~6岁儿童为5.5毫克；7~10岁儿童为7毫克；11~12岁儿童，男孩为10毫克，女孩为9毫克。

常见食物中锌的含量（毫克/100克）

食物名称	锌含量	食物名称	锌含量
生蚝	71.20	口蘑	9.04
海蛎肉	47.05	松子	9.02
小麦胚粉	23.40	香菇	8.57
蛏干	13.63	猪肝	5.78
山核桃	12.59	牛肉（瘦）	3.71
扇贝	11.69	猪肉（瘦）	2.99

补锌要适量吃动物性食物

锌与唾液蛋白结合成味觉素，可以增进食欲，因此缺锌会影响味觉和食欲，甚至导致异食癖。锌还能参与生长激素的合成和分泌，因此缺锌会导致生长发育停滞，典型疾病就是缺锌性侏儒综合征。

发现孩子缺锌，家长可通过食用含锌食物为孩子补锌。锌最好的食物来源是贝类，如牡蛎、扇贝等，这些食物锌含量较高；其次是动物肝脏、蘑菇、坚果和豆类；肉类（以红肉为多）和蛋类也含有一定量的锌。科学研究表明，动物性食物含锌量普遍较高，并且动物性蛋白质分解后所产生的氨基酸还能促进锌的吸收，而植物性食物含锌较少。因此，如果孩子饮食偏素，就有缺锌的风险，要注意坚果、胚芽粉等含锌食物的摄入，必要时可以预防性补锌。

蒜香生蚝

材料

生蚝300克，粉丝、蒜末、姜末、蚝油、生抽、白糖、料酒、葱花、盐、植物油各适量

做法

❶ 生蚝刷净；粉丝泡软。

❷ 油锅烧热，爆香蒜末、姜末，加入白糖、蚝油、料酒、盐、生抽炒香成蒜蓉酱。

❸ 泡软的粉丝均匀放在生蚝上，铺上蒜蓉酱，撒上葱花，放入蒸锅中，隔水蒸熟即可。

这么吃身体棒

每100克生蚝含锌71.2毫克，是补锌的良好食材。生蚝还含有优质蛋白和硒，可提高孩子的免疫力。

海鲜炒饭

材料

米饭1碗，鸡蛋1个，虾仁50克，蛏干20克，盐、干淀粉、植物油各适量

做法

❶ 鸡蛋分离出蛋黄和蛋清，分别打散；虾仁加干淀粉与部分蛋清拌匀，余水捞出；蛏干洗净，切碎。

❷ 油锅烧热，将蛋黄煎成蛋皮，切丝。

❸ 另起油锅烧热，将剩余蛋清、蛏干碎、虾仁翻炒均匀，再加米饭炒熟，拌入蛋丝，加盐调味即可。

这么吃身体棒

虾仁和蛏子富含锌、铁、硒等微量元素及蛋白质，脂肪含量低且主要为多不饱和脂肪酸，有益于孩子的生长发育。

钾：维持神经和肌肉功能

钾是人体必需的常量元素之一，主要分布在细胞内，在能量代谢、细胞内外酸碱平衡、水和体液平衡、维持神经和肌肉正常功能的过程中起着重要的调节作用。

每日需求量

大部分食物都含有钾，蔬菜和水果是钾的良好来源，如蚕豆、豌豆、冬菇、竹笋、紫菜、土豆、菠菜、香菇、香蕉、苹果等。通过正常饮食，儿童一般不会缺钾。而为了获得充足的钾，要注意肉类、蔬菜、水果的摄入比重，如果蔬菜和水果吃得少，钾就可能会摄入不足。

3~12岁中国儿童钾参考摄入量（微克/天）

年龄	适宜摄入量
3岁	900
4~6岁	1200
7~10岁	1500
11~12岁	1900

出汗、腹泻会导致孩子缺钾

儿童活泼好动、容易出汗，而大量出汗会导致体内水分与钾元素的流失。体内缺钾往往使孩子感到倦怠无力，同时出现代谢紊乱、心律失常和肌肉无力等症状。此时需要补充水分，也需要摄入富含钾的食物，以保证体内钠钾平衡。

盛夏时节气温很高，潮湿闷热，儿童容易出汗甚至中暑，在日常膳食中应多吃含钾丰富的食物。

双味毛豆

材料

毛豆200克，柠檬1个，白芝麻、黑胡椒粉、盐各适量

做法

❶ 毛豆剥壳，洗净，放入锅中，加适量水煮10分钟，捞出过凉水，沥干；柠檬洗净。

❷ 白芝麻炒熟，加盐磨成碎末成调味料1；擦丝器擦取柠檬表面黄皮，加黑胡椒粉和盐拌匀成调味料2。

❸ 毛豆分两份，分别撒上两种调味料拌匀即可。

这么吃精神旺

毛豆含蛋白质、膳食纤维、镁、钾等，夏天常吃可以帮助弥补因出汗过多而导致的钾流失，从而缓解由于钾流失引起的疲乏无力和食欲下降。

蛋白质　膳食纤维　钾　镁

蔬菜水果沙拉

材料

香蕉半根，梨1/4个，橙子半个，卷心菜叶2片，沙拉酱适量

做法

❶ 香蕉去皮，切片；梨洗净，去皮去核，切片；橙子洗净，去皮去籽，切丁。

❷ 卷心菜叶洗净，焯水。

❸ 所有水果铺在卷心菜叶上，加沙拉酱拌匀即可。

这么吃精神旺

香蕉富含钾、镁等，橙子含有钾、维生素C、胡萝卜素等。这道蔬菜水果沙拉含有丰富的膳食纤维和维生素，而膳食纤维还有利于孩子肠道通畅。

膳食纤维　钾　维生素C

碘：智力发育不可少

碘是人体必需的微量元素之一，素有"智力元素"之称，是人体内合成甲状腺激素的必备元素。甲状腺激素具有促进身体和智力发育、促进体内物质和能量代谢、提高神经系统兴奋性等作用。

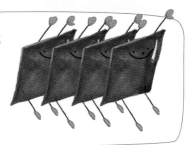

每日需求量

人体对碘的储存能力很有限，如果停止摄入碘，人体内储存的碘最多能维持3个月。因此摄入碘应依照年龄，遵循科学、长期、微量、日常和生活化的原则。摄入碘的途径有很多，如海带、紫菜、海鱼、饮用水和加碘盐等。其中，加碘盐是最好的途径，它不仅安全、有效、经济，又符合微量、长期及生活化的要求。不同年龄段的儿童需要摄入的碘量是不一样的，具体数据参见下表。

3~12岁中国儿童膳食碘参考摄入量（微克/天）

年龄	平均需求量	推荐摄入量	可耐受最高摄入量
3岁	65	90	—
4~6岁	65	90	200
7~10岁	65	90	300
11~12岁	75	110	400

加碘盐要在菜快熟时再放

碘是一种比较活泼的元素，经过光照与加热后容易挥发，因此购买加碘盐后应妥善保管，放在阴凉、干燥处，盐罐要加盖，以避免碘挥发失效。同时烹饪过程中也要尽量减少碘的损失，例如热油爆锅时不要放加碘盐，以免碘被高温破坏；在给菜调味时，要在菜快熟时放入加碘盐。

当然，加碘盐中的碘会在菜肴制作时有所挥发，且孩子并不适合摄入过多的盐。因此，家长可以通过天然食物，如富含碘的海带、紫菜、海鱼、海虾等为孩子补碘。

紫菜鸡蛋汤

材料

鸡蛋1个，紫菜1/4片，虾皮、香菜碎、盐、芝麻油各适量

做法

❶ 紫菜撕小片；鸡蛋打散成蛋液，加一点盐拌匀。

❷ 锅中加适量水煮沸，放入虾皮稍煮，再加入蛋液，搅拌成蛋花；放入紫菜，用中火继续煮3分钟。

❸ 出锅前加盐调味，撒上香菜碎，淋入芝麻油即可。

这么吃更聪明

紫菜含有丰富的碘，每周适量摄入，可以达到为孩子补碘的效果。

蛋白质　钙　碘

凉拌海带干丝

材料

海带丝100克，干丝50克，芝麻油1匙，葱丝、蒜蓉、盐各适量

做法

❶ 海带丝洗净，放入沸水中煮软；干丝洗净。

❷ 海带丝、干丝摆盘，加入葱丝、蒜蓉拌匀，加盐、芝麻油调味即可。

这么吃更聪明

海带含碘、钙量较为丰富，但要注意煮软，以利于孩子消化吸收。

钙　碘

21

维生素 A：让眼睛更明亮

维生素 A 是指具有视黄醇生物活性的一类化合物，包括维生素 A_1 及维生素 A_2 两种，是儿童比较容易缺乏的维生素，具有维持视觉正常和上皮细胞正常生长与分化的作用。维生素 A 与骨骼的发育、免疫功能的成熟密切相关，还能促进机体对铁的吸收利用。

每日需求量

维生素 A 缺乏是世界四大营养缺乏病之一，在发展中国家一直是影响儿童健康的重要因素。长期缺乏维生素 A 易使儿童出现夜盲症状，在暗处或夜晚视物模糊；呼吸道、消化道、皮肤也会受影响，抵抗力将降低，身体易受感染，严重者生长发育会变得迟缓，牙齿生长不良等。不同年龄段的儿童对维生素 A 的需求不同，具体摄入量参见下表。

3~12岁中国儿童维生素 A 参考摄入量（微克视黄醇当量／天）

年龄	平均需求量	推荐摄入量	可耐受最高摄入量
3岁	220	310	700
4~6岁	260	360	900
7~10岁	360	500	1500
11~12岁	480（男）/450（女）	670（男）/630（女）	2100

注：1微克视黄醇=3.3国际单位维生素 A

与含脂肪的食物同食，可促进维生素 A 吸收

维生素 A 主要存在于哺乳动物体内及鱼类的肝脏中。植物性食物虽不含维生素 A，但胡萝卜及黄绿色蔬菜却含有维生素 A 原，即胡萝卜素。胡萝卜素被人体吸收后，可转变成维生素 A。

含维生素A较多的食物有动物肝、鱼肝油、禽蛋（主要是蛋黄）、牛羊乳、乳制品（奶油、奶酪）等动物性食品和胡萝卜、菠菜、韭菜、油菜、芹菜叶、番茄、辣椒、橙子、橘子等植物性食品。因此，只要合理搭配孩子的饮食，就可以让孩子通过食物获得充足的维生素 A。为预防维生素 A 的缺乏，3岁以上儿童每周可以安排食用一两次肝类，如猪肝、鸡肝、鸭肝。又因维生素 A 和胡萝卜素是脂溶性的，所以烹调或食用时应搭配富含脂肪的食物以提高吸收利用率。

蛤蜊蒸蛋

材料

鸡蛋2个，蛤蜊1小碗，盐、芝麻油各适量

做法

❶ 蛤蜊提前一晚放淡盐水中吐沙。

❷ 蛤蜊洗净，放入锅中加适量水炖煮，蛤蜊开口后捞出，蛤蜊汤留用。

❸ 取一个碗，加入适量蛤蜊汤、盐，打入鸡蛋，加入开口蛤蜊拌匀，盖上保鲜膜，上凉水蒸锅，隔水大火蒸10分钟，出锅前淋入芝麻油调味即可。

这么吃视力好

蛤蜊含有蛋白质、维生素A、钙、铁、硒、锌等多种营养素，是一种低热量、高蛋白的食材，有助于孩子的生长发育。

蛋白质　钙　维生素A

鱼香肝片

材料

猪肝150克，青椒1个，盐、葱花、料酒、干淀粉、白糖、醋、植物油各适量

做法

❶ 青椒洗净，切块；猪肝洗净，切片，用料酒、盐、部分干淀粉腌制；将白糖、醋及剩余的干淀粉调成芡汁。

❷ 油锅烧热，爆香葱花，加入腌好的猪肝，炒至变色，再放入青椒块，炒熟后加入芡汁，待芡汁浓稠即可。

这么吃视力好

每周吃一次猪肝，可为孩子补充蛋白质、维生素A、铁、锌等营养素。

蛋白质　铁　维生素A

维生素 C：促进铁吸收，提高免疫力

维生素 C 又称抗坏血酸，是人体内很重要的水溶性抗氧化营养素之一。维生素 C 不仅具有抗氧化作用，还能还原三价铁为二价铁，从而促进铁的吸收。它还能提高免疫功能，增强人体对感染的抵抗力，并能促进伤口愈合。

每日需求量

中国营养学会在《中国居民膳食营养素参考摄入量》中推荐，3 岁儿童每日维生素 C 摄入量为 40 毫克，4~6 岁为 50 毫克，7~10 岁为 65 毫克，11~12 岁为 90 毫克。1 颗猕猴桃和适量蔬菜就足以保证每日摄入足够的维生素 C。因此，只要日常饮食正常，果蔬合理搭配，儿童一般不会出现维生素 C 缺乏的情况。

常见蔬菜和水果的维生素 C 含量（毫克 /100 克）

蔬菜	维生素C含量	水果	维生素C含量
野苋菜	153	酸枣	900
甜椒	72	鲜枣	243
青椒	62	猕猴桃	92
花菜	61	草莓	47
苦瓜	56	柑橘	28
西蓝花	51	葡萄	25
蒜苗	35	橙子	23

补充维生素 C，新鲜的蔬果更好

水果和蔬菜中都含有维生素 C，因此家长只要给孩子在日常饮食中安排每日一两种水果与两三种蔬菜搭配即可。但要注意的是，维生素 C 很容易被氧化，在食物贮藏或烹调过程中极易被破坏，因此建议家长多给孩子吃新鲜的蔬果，并尽量减少食物烹调的步骤和时间，以免维生素 C 在食物烹调过程中流失过多。

此外，不少家长存在一个误区，那就是把橙子、猕猴桃等维生素含量较高的水果榨汁给孩子喝，以此为孩子补充维生素 C，但这样的做法是错误的。因为把富含维生素 C 的水果用来榨汁喝，会将所含大部分维生素 C 破坏掉。

双色花菜汤

材料

西蓝花1小颗，花菜1小颗，虾米、盐、高汤、芝麻油、植物油各适量

做法

❶ 西蓝花、花菜分别洗净，掰小朵，焯水。

❷ 油锅烧热，下虾米翻炒，加入适量高汤煮沸后，放入西蓝花、花菜，再次煮沸后加盐、芝麻油调味即可。

这么吃更强壮

每100克西蓝花中维生素C含量为51毫克，含钙67毫克。每100克花菜的维生素C含量比西蓝花还高，达61毫克。两者同食能有效补充维生素C。

钙　维生素C

麻汁豇豆

材料

豇豆100克，芝麻酱2汤匙，芝麻油、植物油、盐各适量

做法

❶ 豇豆洗净，切段，放入加了植物油、盐的沸水中焯熟，捞出过凉水，沥干装盘。

❷ 芝麻酱中加凉开水，用筷子沿一个方向搅拌，搅拌到芝麻酱稀稠适中。

❸ 在稀释的芝麻酱中加入少许芝麻油与盐拌匀，淋在豇豆上即可。

这么吃更强壮

豇豆含有胡萝卜素、钙、维生素C以及丰富的膳食纤维，有利于预防孩子便秘。淋上香香的芝麻酱，还能补钙。

钙　胡萝卜素　维生素C

维生素 D：促进钙和磷吸收

维生素D又称"阳光维生素"，能够促进人体对钙和磷的吸收，维持血液中钙和磷的稳定。它还与免疫系统的调节息息相关，是人体必需的一类维生素。

每日需求量

维生素D属于脂溶性维生素，在鱼肝油、动物肝脏中含量丰富，在植物性食物中含量较低，但可通过皮肤暴露在阳光或紫外线下于人体内合成。

中国营养学会建议，儿童和成人每日摄入400国际单位的维生素D（维生素D_3滴剂）就可以满足机体需要。当然，每日补充800国际单位也不会过量。

3~12岁中国儿童维生素D参考摄入量（微克/天）

年龄	推荐摄入量	可耐受最高摄入量
3岁	10	20
4~6岁	10	30
7~10岁	10	45
11~12岁	10	50

注：1微克维生素D=40国际单位维生素D

不建议孩子靠晒太阳补充维生素D

维生素D对于儿童的生长发育尤其是骨骼发育有着极大的影响。现有研究表明，儿童若缺乏维生素D，会出现睡眠质量差等不良情况，甚至发生鸡胸、佝偻病等骨骼畸形病症。所以，为了保障孩子健康成长，家长必须充分重视这一问题。

目前，针对儿童维生素D缺乏的症状，建议采取以下几种方案进行干预。

① 阳光照射。阳光照射是人体产生维生素D的主要来源，在阳光照射下，皮肤基底层的7-脱氢胆固醇将转化为维生素D_3。但要注意，孩子皮肤娇嫩，日照时间不宜过长，也不宜在烈日下暴晒。

② 食物摄入。吃含维生素D的食物，如肝类、牛奶、蛋黄。

③ 额外补充。因为含有维生素D的食物比较少，且含量相对较低，所以还是服用维生素D制剂效果更明显。

烩双耳

材料

银耳3朵,黑木耳5朵,黄瓜半根,植物油、盐、葱花、姜末、高汤各适量

做法

❶ 黑木耳温水泡发,洗净;银耳冷水泡发,洗净,撕小朵;黄瓜洗净,切片。

❷ 油锅烧热,爆香葱花、姜末,放入银耳、黑木耳翻炒一会儿。

❸ 加入高汤焖煮5分钟,加入黄瓜片翻炒1分钟,加盐调味即可。

这么吃更强壮

银耳富含维生素D,黑木耳富含铁,两者经常食用对孩子很有好处。

铁　维生素D

口蘑肉片

材料

猪瘦肉100克,口蘑50克,葱花、盐、芝麻油、植物油各适量

做法

❶ 猪瘦肉洗净,切片,加盐腌制;口蘑洗净,切片。

❷ 油锅烧热,爆香葱花,放入猪瘦肉片翻炒,再放入口蘑片翻炒均匀,加盐、芝麻油调味即可。

这么吃更强壮

口蘑肉质肥厚、营养丰富,含有蛋白质、膳食纤维和多种维生素及矿物质,其中维生素D含量很高。

蛋白质　维生素D

B 族维生素：让孩子朝气十足

B族维生素参与人体消化吸收、肝脏解毒等生理过程，是食物释放能量的关键，对维持儿童的正常代谢、细胞分化、能量转化以及生长发育起着重要作用。B族维生素还能帮助孩子缓解运动疲劳，维护其神经系统的健康。

每日需求量

B族维生素可谓是维生素中的大家族，目前可细分为8个成员，这些成员主要来自酵母、谷物、动物肝脏、动物肾脏、豆类、肉类等。因此家长在营养餐的搭配上无须过分担心，只要保证饮食均衡，适量摄入全谷类、肉类、鱼虾、豆腐、绿叶蔬菜等食物，孩子就可以获取充足的B族维生素，变得朝气十足。

B 族维生素种类与常见富含食物

B 族维生素种类	常见生理功能	常见富含食物
维生素B$_1$（硫胺素）	维持神经与肌肉的正常发育，维持儿童正常的食欲	全麦粉、葵花籽、猪肉
维生素B$_2$（核黄素）	参与能量代谢，促进铁的吸收，抗氧化	猪肝、蛋黄、牛奶、绿叶蔬菜
维生素B$_3$（烟酸）	参与氨基酸、DNA的代谢，促进脂肪合成	肝类、瘦肉、鱼、坚果
维生素B$_5$（泛酸）	参与脂肪酸的合成与降解，参与氨基酸的氧化降解	肝类、瘦肉、鸡蛋、全谷类、蘑菇、甘蓝
维生素B$_6$（吡哆素）	参与氨基酸、糖原、脂肪酸的代谢	鸡肉、鱼肉、肝类、豆类、坚果、蛋黄
维生素B$_7$（生物素）	参与脂类、碳水化合物、某些氨基酸和能量的代谢	肝类、蛋黄、牛奶、燕麦、花菜、豌豆、菠菜
维生素B$_9$（叶酸）	促进细胞分裂与儿童生长	菠菜、肝类、黄豆
维生素B$_{12}$（钴胺素）	参与核酸、蛋白质合成	肝类、瘦肉、鸡蛋、蚕豆、花菜、芹菜、莴笋

烹饪方式正确，补充效果加倍

因为B族维生素是水溶性的，很难长时间贮藏于人体内，会随着尿液和汗液排出体外，所以每天必须补充足够的B族维生素。而大部分B族维生素在酸性环境中比较稳定，加热后不易被破坏，但在碱性环境中却非常容易被破坏，特别是高温状态下。因此，家长在煮面条时要选用不含碱的面条，煮粥的时候不要添加食用碱。也有例外，维生素B$_9$（叶酸）在酸性条件下加热时会变得不稳定，而它在中性条件下比较稳定，即使加热1小时也不会被破坏。所以在加热叶酸含量较高的食物，如菠菜时，最好不要加醋，因为加醋会分解破坏叶酸，还会使菠菜的口感变"涩"。

如今，随着生活水平的日渐提高，主食加工越来越精细，这容易造成B族维生素的损失。因此，家长应保障孩子能够适量摄入全谷类食物，以免长期摄入过于精细的米面。肝类、豆类、蛋类富含B族维生素，孩子也应保持对这类食物的摄入，吃鸡蛋不能只吃蛋白而不吃蛋黄。

必要时在医生指导下服用B族维生素补充剂

如果孩子严重缺乏B族维生素，可以适量吃一些B族维生素补充剂，但必须经医生检查，确定有B族维生素缺乏症状，才可以补充。如果只是轻微缺乏B族维生素，则完全可以通过日常饮食，如多吃B族维生素含量高的食物来改善。

值得注意的是，一些儿童因为挑食、偏食而患上B族维生素缺乏症，也有一些儿童因为肠胃功能偏弱、吸收消化不好而患上B族维生素缺乏症。这时，应该及时调整孩子的饮食结构，使其合理化，以保证营养摄入均衡，同时多吃B族维生素含量高的食物；或调理肠胃，让孩子吃一些健脾养胃的食物，并补充益生菌，改善肠道菌群，保证孩子能够摄取足够的B族维生素。

碳水化合物 钙 磷 B族维生素

香菇肉丝汤面

材料

猪肉丝50克,青菜1颗,干香菇3朵,高汤1碗,面条、生抽、盐、料酒、虾皮、植物油、姜末各适量

做法

❶ 干香菇温水泡发,去蒂,洗净,切片;猪肉丝加料酒、生抽腌制;青菜洗净,切段,焯熟。

❷ 油锅烧热,下姜末、猪肉丝煸炒至变色,再放入香菇片翻炒,加盐,炒熟盛出。

❸ 面条煮熟,挑进盛有适量生抽、盐的碗内,加入适量高汤,把虾皮、青菜和炒好的香菇肉丝均匀地覆盖在面条上即可。

这么吃精神旺

香菇肉丝汤面荤素搭配、营养丰富,香菇和青菜还能提供一定量的膳食纤维。

碳水化合物 钙 铁 B族维生素

大米红豆饭

材料

大米50克,红豆30克,白芝麻、黑芝麻各适量

做法

❶ 红豆洗净,浸泡6小时;黑芝麻、白芝麻炒熟。

❷ 红豆捞出,放入锅中,加适量水煮沸,转小火煮至熟烂。

❸ 大米洗净,与煮熟的红豆一起放入电饭锅,加适量水煮饭。煮好后撒上炒熟的黑芝麻、白芝麻即可。

这么吃精神旺

红豆含较多的膳食纤维和B族维生素,可以预防孩子便秘;芝麻中含B族维生素、钙与铁等。

蛋白质：健脑益智，强壮肌肉

蛋白质是由许多种氨基酸组成的高分子化合物。人的肌肉、骨骼、皮肤、头发、指甲等都是由蛋白质构成的。儿童正处在快速生长发育阶段，充足的蛋白质供给可为儿童生长发育打下坚实的基础，对儿童各组织器官生长、生理功能调节、增加机体抵抗力、脑神经细胞成熟有重要的作用。

每日需求量

构成人体蛋白质的氨基酸有21种，其中有9种氨基酸是人体不能合成或合成速度不能满足机体需要的，必须由食物供给。氨基酸含量全面、组合比例合理的优质蛋白有利于儿童的生长发育。富含优质蛋白的食物有牛奶、瘦肉、鱼、虾等。在每日膳食中，动物蛋白不宜少于每日所需蛋白质总量的50%。

3~12岁中国儿童蛋白质参考摄入量（克/天）

年龄	推荐摄入量
3~5岁	30
6岁	35
7~8岁	40
9岁	45
10岁	50
11~12岁	60（男）/55（女）

常见食物中蛋白质的含量（克/100克）

植物类	蛋白质含量	动物类	蛋白质含量
黄豆	35.00	猪肉(瘦)	20.30
绿豆	21.60	牛肉(肥瘦)	19.90
小麦粉（富强粉，特一粉）	10.30	草鱼	16.60
小米	9.00	河虾	16.40
豆腐（平均）	8.10	鸡蛋（平均）	13.30
玉米（鲜）	4.00	牛奶（平均）	3.00

大豆蛋白不是万能的

作为植物蛋白，大豆蛋白含有人体必需的氨基酸，消化率、利用率很高，是一种优质蛋白。但它的蛋氨酸含量却很低，也就是说，光吃大豆蛋白，儿童无法摄取到足够的蛋氨酸。蛋氨酸能帮助分解脂肪，预防心血管疾病和肾脏疾病，还能预防肌肉软弱无力，将铅等有害重金属代谢掉。因此，为了健康，儿童还需要从奶制品、鱼虾和牛肉中摄取蛋氨酸，以补充大豆蛋白的不足。

蛋白质的摄入要均衡

蛋白质作为三大营养素之一，对人体具有非常重要的作用。当蛋白质摄取不足时，儿童会出现新生细胞生成速度减慢、生长发育迟缓、体重减轻、身材矮小、容易疲劳、抵抗力降低、病后康复缓慢、智力下降等状况。

因此，日常饮食中要注意孩子的蛋白质摄入，尤其是优质蛋白的适量摄入。植物蛋白和动物蛋白混合食用，使所含氨基酸相互补充，更有利于满足儿童生长发育的需求。但也不能摄入过多肉类，否则会造成能量过剩，导致孩子肥胖，并会增加孩子胃肠、肝脏、胰腺和肾脏的负担，进而造成胃肠功能紊乱和肝脏、肾脏损害，对孩子身体不利。

另外，孩子若偏食，食量偏低，摄入的蛋白质无法满足每天所需或出现蛋白质缺乏症状，可适量补充蛋白质粉或高蛋白饮品。

虾仁豆腐

材料

虾仁1小碗，嫩豆腐1块，青豆、胡萝卜丁、葱花、姜末、料酒、水淀粉、盐、芝麻油、植物油各适量

做法

❶ 虾仁洗净；嫩豆腐洗净，切丁。

❷ 油锅烧热，爆香葱花、姜末，放入胡萝卜丁、虾仁、青豆翻炒，加料酒、1小碗水、盐翻炒均匀。

❸ 放入嫩豆腐丁，轻轻翻动，加水淀粉勾芡，大火收汤，淋入芝麻油调味即可。

这么吃更强壮

虾所含丰富的蛋白质和矿物质(如钙、磷、铁、镁等)，对孩子的心脏活动具有重要的调节作用，能很好地保护心血管系统。磷、钙还可以促进骨骼生长，增强孩子的体质。

丝瓜牛肉拌饭

材料

牛里脊肉、丝瓜各30克，洋葱、胡萝卜、大米、小米各20克，植物油适量

做法

❶ 大米、小米洗净，放入锅中，煮成二米饭。

❷ 丝瓜、胡萝卜分别去皮，洗净，切丁；牛里脊肉洗净，切丝；洋葱去皮，洗净，切丝。

❸ 油锅烧热，爆香洋葱丝，加入胡萝卜丁、丝瓜丁、牛肉丝，再拌入二米饭，加水焖煮至收汁即可。

这么吃更强壮

牛肉不容易煮烂，可用蛋清、干淀粉腌制。丝瓜是夏季时令蔬菜，可以适时给孩子吃。这道拌饭荤素搭配，可为孩子补充较充足的蛋白质。

碳水化合物：让孩子精力充沛

碳水化合物，也被叫作"糖类"，是为人体提供能量的主力军。它提供能量，可以减少脂肪大量分解，避免产生酮体；可以减少蛋白质分解，节省蛋白质，使之发挥更重要的功能。碳水化合物比蛋白质和脂肪更容易被人体吸收利用。

每日需求量

五谷最主要的营养成分就是碳水化合物。学龄前及学龄儿童的膳食中，碳水化合物摄入量在总能量中所占的比例应为55%~65%。

3~12岁中国儿童碳水化合物参考摄入量（克/天）

年龄	平均需要量
3岁	120
4~6岁	120
7~10岁	120
11~12岁	150

3~12岁中国儿童谷薯类食物参考摄入量（克/天）

年龄	谷类	全谷类和杂豆类	薯类
3岁	85~100	适量	适量
4~6岁	100~150	适量	适量
7~10岁	150~200	30~70	25~50
11~12岁	225~250	30~70	25~50

控制孩子摄入"简单糖"

碳水化合物分为可消化的与不可消化的两部分。可消化的碳水化合物为人体提供能量，主要包括淀粉与"简单糖"。不可消化的碳水化合物通常指膳食纤维。淀粉属于多糖，经肠道消化吸收，可转化为人体需要的葡萄糖。而"简单糖"包括单糖（葡萄糖、果糖）与双糖（蔗糖、麦芽糖、乳糖等）。甜饮料和甜食中含有人为添加的"简单糖"。而大量摄入"简单糖"是导致儿童发生龋齿与肥胖的重要原因，因此，家长需要控制孩子对"简单糖"的摄入。

玉米红豆粥

碳水化合物　膳食纤维　B族维生素

材料

红豆20克, 玉米碎30克, 大米50克

做法

❶ 红豆洗净, 浸泡6小时。

❷ 玉米碎和大米洗净。

❸ 红豆、玉米碎和大米放入锅中, 加适量水, 煮至红豆熟烂开花即可。

这么吃精力足

玉米红豆粥富含碳水化合物、B族维生素等; 玉米和红豆含有丰富的膳食纤维, 对预防孩子便秘有一定作用。

生煎包

碳水化合物　蛋白质

材料

面粉250克, 猪肉末200克, 酵母、生抽、姜末、葱花、盐、芝麻油、黑芝麻、植物油各适量

做法

❶ 面粉加适量水、酵母揉成面团, 发酵至两倍大; 猪肉末中加适量盐、生抽、姜末、葱花拌匀成猪肉馅。

❷ 面团分成若干剂子, 依次擀成圆皮, 包入猪肉馅后饧10分钟。

❸ 油锅烧热转小火, 放入包好的包子, 煎10分钟, 加适量水, 盖盖焖熟。至水收干后, 淋入芝麻油, 撒上葱花、黑芝麻即可。

这么吃精力足

生煎包能促进食欲, 增加饱腹感, 适量食用可有效补充碳水化合物、蛋白质。

膳食纤维：让孩子不便秘、不肥胖

膳食纤维是一种存在于水果、蔬菜和谷类中的多糖，包括纤维素、半纤维素、果胶、菊粉、木质素等。它虽不能被消化吸收，也不能产生能量，却与人的健康密切相关。它可以增强肠道蠕动，预防便秘；增加饱腹感从而达到控制体重和减肥的效果；降低血糖和血胆固醇。

每日需求量

世界卫生组织推荐正常人群膳食纤维摄入量为每日25克。中国营养学会则建议，成年人膳食纤维适宜摄入量为每日25~30克，而3岁以上的儿童，其建议摄入量可以按照公式"年龄数加5~10"简单估算。例如3岁儿童每日建议摄入膳食纤维8~13克。平均而言，每半碗蔬菜、每份水果（如一个中等大小的苹果或橙子）或每份全谷主食（如一片全麦土司），可以提供2克膳食纤维。

常见食物中膳食纤维含量（克/100克）

食物名称	总膳食纤维	食物名称	总膳食纤维
海苔	46.40	腐竹	4.60
燕麦片	13.20	空心菜	4.00
豆腐干	6.80	西蓝花	3.70
荞麦面	5.50	韭菜	3.60
西芹	4.80	牛奶（平均）	3.30
四季豆	4.70	芦笋（绿）	2.80

膳食纤维摄入要全面

膳食纤维分为可溶性膳食纤维和不溶性膳食纤维。可溶性膳食纤维在经过小肠的时候会带走部分胆汁，能降低胆固醇；到了大肠，则成为肠道细菌的食物，帮助建立良好的肠道生态。不溶性膳食纤维吸水膨胀，能够抵抗胃肠消化液的侵袭，完好无损地到达大肠，最后排出体外，有助通便、控制体重。

谷类的麸皮和糠含有大量的纤维素、半纤维素和木质素；柑橘、苹果、石榴、猕猴桃等水果和卷心菜、甜菜、豌豆、蚕豆等蔬菜含有较多的果胶。谷类食物，尤其全谷类，是膳食纤维的主要来源。因此，在日常生活中应注意培养孩子进食全谷类和果蔬的习惯。

芦笋杏鲍菇

材料

芦笋100克,杏鲍菇1根,青椒1个,蒜瓣4个,盐、植物油各适量

做法

❶ 芦笋洗净,切段,焯水;青椒洗净,切块;杏鲍菇洗净,切块;蒜瓣洗净,切末。

❷ 油锅烧热,爆香蒜末,放入杏鲍菇块,煸炒至表面微黄,下芦笋段、青椒块翻炒片刻,加盐调味即可。

这么吃肠胃好

芦笋每100克含维生素C约45毫克,还含有丰富的膳食纤维,有利于预防孩子便秘。

芹菜牛肉丝

材料

牛肉250克,芹菜、葱丝、姜片、料酒、水淀粉、盐、植物油各适量

做法

❶ 牛肉洗净,切丝,加盐、料酒、水淀粉腌制;芹菜去叶,洗净,切段。

❷ 油锅烧热,爆香葱丝、姜片,加入牛肉丝和芹菜段翻炒,加适量水,熟透后加盐调味即可。

这么吃肠胃好

牛肉富含优质蛋白、维生素A、铁、锌等,芹菜富含钙、胡萝卜素、不溶性膳食纤维,两者搭配营养互补。

脂类：提供充足的能量

脂类是人体需要的重要营养素之一，能够提供能量，促进脂溶性维生素的吸收，维持体温，增加饱腹感。脂肪酸是脂肪的主要组成部分。人体不能合成，必须从外界食物中获取的脂肪酸被称为必需脂肪酸，包括亚油酸、α－亚麻酸。人体可以利用α－亚麻酸合成DHA。

每日需求量

因为正处在重要的生长发育阶段，所以儿童每日需要的能量比较多。中国营养学会建议，4~12岁儿童每日膳食中脂肪提供的热量应占到每日热量总需求的20%~30%。3岁的儿童每日可用15~20克食用油，4~5岁的儿童则为每日20~25克食用油。

常见食用油所含多不饱和脂肪酸种类

食用油	多不饱和脂肪酸
亚麻籽油、核桃油	亚油酸、α－亚麻酸
玉米油、葵花籽油、花生油、橄榄油、茶籽油	亚油酸
鱼油	DHA、EPA

烹调优先选择植物油

对儿童来说，膳食中缺乏脂肪往往会导致体重不增、食欲变差、容易感染得病、皮肤变干燥等；但如果脂肪摄入过量，尤其是饱和脂肪酸过量，儿童就会变得肥胖，日后患动脉粥样硬化、冠心病、糖尿病的风险会大增。膳食中脂肪的来源主要有动物脂肪(如猪油、牛油等)和植物油(如玉米油、大豆油、葵花籽油、花生油等)。两者比较起来，植物油所含饱和脂肪酸较少，还能为孩子提供维生素E，而动物脂肪中维生素E含量不高。已经肥胖的孩子，应减少动物脂肪的摄入。

芹菜腰果炒香菇

材料

芹菜200克,腰果50克,干香菇3朵,红甜椒1个,蒜片、盐、白糖、水淀粉、植物油各适量

做法

❶ 芹菜去叶,洗净,切片;红甜椒洗净,切块;干香菇温水泡发,去蒂,洗净,切片;腰果洗净。
❷ 锅中加适量水煮沸,放入芹菜片、香菇片焯水,捞出沥干。
❸ 油锅烧热,下腰果翻炒炸熟,捞出。
❹ 锅中留底油,爆香蒜片,放入芹菜片、腰果、红甜椒块、香菇片翻炒均匀,加盐、白糖调味,用水淀粉勾芡即可。

这么吃精力足

腰果含蛋白质、不饱和脂肪酸,每天1小把可强身健体、提高抗病能力。

香煎米饼

材料

米饭100克,鸡肉50克,鸡蛋2个,葱花、盐、植物油各适量

做法

❶ 米饭搅散;鸡肉洗净,剁碎;鸡蛋打散成蛋液。
❷ 米饭中加入鸡肉碎、鸡蛋、葱花和盐拌匀。
❸ 油锅烧热,将搅拌好的米饭平铺,小火加热至米饼成形,翻面后继续煎1~2分钟即可。

这么吃精力足

香煎米饼含丰富的碳水化合物、脂肪和蛋白质,可偶尔给孩子作为主食。

不可忽视的其他微量元素

根据世界卫生组织专家委员会的定义，人体需要摄入8种必需的微量元素。在给儿童搭配饮食时，除了前文已经介绍过的铁、锌、碘之外，还需要硒、铜、钼、铬、钴，但这些微量元素一般不容易缺乏。

其他5种微量元素的作用

① 硒具有抗氧化、增强免疫力、调节甲状腺激素、排毒与解毒等作用。芝麻、大蒜、芦笋、蘑菇、苋菜、牡蛎、鲜贝、鱿鱼、带鱼、豆油、猪肉、羊肉、蛋黄、豆腐干等都是富含硒的食物。

② 铜能够维持正常的造血功能，促进结缔组织形成，维护中枢神经系统的健康，具有抗氧化等作用。贝类、坚果类与肝脏类都是铜的良好来源。饮食正常的儿童不会缺铜。患有肝豆状核变性的儿童需要低铜饮食。家长一旦发现孩子肝功能异常，就要及时带孩子到医院排查，发现越早，治疗效果越好。

③ 钼为一些钼金属酶的辅基，并对有毒性的醛类物质具有解毒作用。动物肝脏与谷物都是钼的良好来源。

④ 铬能增强胰岛素的作用，维持孩子体内血糖的平衡，但儿童对其需求量不高，一个鸡蛋足以满足。

⑤ 钴以钴胺素的形式发挥生理作用，参与核酸和蛋白质的合成过程。

纯素饮食易导致微量元素缺乏

很多微量元素在肝类、蛋黄、肉类、鱼虾当中含量丰富，因此应注意合理搭配儿童的饮食，不推荐儿童纯素饮食。如果儿童饮食偏素，需纠正饮食结构，并注意补充复合营养素。

总的来说，如果孩子出现微量元素缺失的症状，首选食补。除了碘，人体对其他微量元素的吸收率都不高，盲目给孩子服用补充微量元素的保健品，机体可能不吸收，一旦补充过量，还会有中毒的风险。

干烧黄鱼

材料

黄鱼1条，干香菇4朵，五花肉50克，姜片、葱段、植物油、生抽、白糖、盐各适量

做法

❶ 黄鱼去鳞、内脏，洗净；干香菇温水泡发，去蒂，洗净，切丁；五花肉洗净，切丁。

❷ 油锅烧热，下黄鱼煎至双面微黄。

❸ 另起油锅烧热，放入五花肉丁和姜片、葱段、香菇丁炒香，再放入煎好的黄鱼，加入适量生抽、白糖和水，煮沸后转小火，煮15分钟，加盐调味即可。

这么吃更强壮

黄鱼含有蛋白质、硒等营养素，还含有丰富的DHA，可每周给孩子吃1次或2次。

芦笋鸡丝汤

材料

芦笋40克，鸡肉50克，金针菇20克，蛋清、高汤、干淀粉、盐、芝麻油各适量

做法

❶ 鸡肉洗净，切丝，用蛋清、盐、干淀粉拌匀腌制20分钟。

❷ 金针菇、芦笋分别洗净，切段。

❸ 锅中放入高汤，加鸡肉丝、芦笋、金针菇同煮，沸后加盐，淋入芝麻油调味即可。

这么吃更强壮

芦笋含有丰富的叶酸以及硒、铁、锰、锌等微量元素，鸡肉含蛋白质等营养素。制作时可以把芦笋、金针菇切碎，以防孩子嚼不动。

植物化学物：含量少益处多

植物不但含有碳水化合物、蛋白质、脂肪等，还含有矿物质、维生素，并存在一些除维生素之外的次级代谢产物，营养学上把它们称为植物化学物，例如番茄含有的番茄红素、大豆含有的大豆异黄酮、大蒜含有的大蒜素。植物化学物对人体健康具有潜在的益处，如抗氧化、抗肿瘤等。

每日需求量

为了获得丰富的植物化学物，应注意蔬菜和水果的摄入。中国营养学会建议，3岁的儿童，每日分别摄入蔬菜100~200克，水果100~200克；4~5岁的儿童，每日分别摄入蔬菜150~300克，水果150~250克；6岁以后，每日分别摄入蔬菜300~500克，水果200~350克。

蔬菜和水果都要吃，不可替换

植物化学物广泛存在于蔬菜、水果中。黄色的蔬果中含有丰富的胡萝卜素，如胡萝卜、南瓜、木瓜、杧果等；番茄红素则广泛存在于颜色红艳的蔬果中，如番茄、西瓜等；石榴、苹果、西蓝花、菠菜、红甜椒等蔬果，酚类化合物含量较高。

在给孩子搭配营养餐时，要尽量保证1/3以上的深绿色蔬菜，如菠菜、生菜、青菜等。由于蔬菜和水果各有不同的营养特点，所以蔬菜和水果不能替换，都应该适量摄入。

烹饪时别烧毁了植物化学物

在高温条件下，植物化学物极易发生降解、变性、聚合或与其他食物成分发生作用而被破坏。烹调温度越高，尤其是高温烹调时间越长，植物化学物的破坏就越严重。

因此，为了较好地保留食物中的植物化学物，烹调时应先洗后切、随切随炒、炒后即食。首选炒、烩、熘等相对温和、快速的烹调方式，其次是蒸、煮，少用熏、烤、煎、炸等。炒时大火热油快炒，尽量缩短高温烹调时间；炖煮时间适当缩短；油炸时挂糊勾芡，适当降低油温，这些都有利于保留植物化学物。

番茄鸡蛋面疙瘩

材料

番茄2个，鸡蛋1个，面粉120克，盐、植物油各适量

做法

❶ 面粉加水搅拌成面糊；鸡蛋打散成蛋液。

❷ 番茄焯水，去皮，切块；油锅烧热，放入番茄块翻炒至出汁。

❸ 锅中加适量水煮沸，边搅拌边加入面糊，再次煮沸，加入蛋液，加盐调味即可。

这么吃更强壮

番茄味道酸酸甜甜，富含番茄红素、维生素C、钾、胡萝卜素及有机酸等，配合鸡蛋、面粉做成主食，开胃又有营养。

碳水化合物　番茄红素　维生素C

五彩肉蔬饭

材料

鸡胸脯肉丁50克，胡萝卜半根，鲜香菇4朵，豌豆、大米、盐各适量

做法

❶ 胡萝卜去皮，洗净，切丁；鲜香菇去蒂，洗净，切碎；大米、豌豆洗净；鸡胸脯肉丁加盐腌制20分钟。

❷ 大米放入电饭锅中，加入鸡胸脯肉丁、胡萝卜丁、鲜香菇碎、豌豆，加盐与适量水，煮熟即可。

这么吃更强壮

五彩肉蔬饭荤素搭配、营养全面。鸡胸脯肉含有丰富的蛋白质、铁、锌、硒等。胡萝卜富含胡萝卜素。

碳水化合物　蛋白质　胡萝卜素

针对性调理，吃出好体质

第 3 章

吃对食物，
长得高、变聪明

增长助高：吃出强壮身体

蛋白质是生命的基础，钙可以促进骨骼生长，维生素D能促进钙的吸收，以锌为代表的微量元素可以增强孩子的免疫力。因此，孩子想要长得高、长得壮，日常饮食中以上四类营养素缺一不可。

蛋白质　钙　番茄红素

番茄奶酪三明治

材料

吐司、生菜叶、奶酪各2片，番茄半个

做法

❶ 吐司去边；生菜叶洗净；番茄洗净，切片。

❷ 在一片吐司上依次铺奶酪、番茄片、生菜叶、奶酪，盖上另一片吐司，对角切开即可。

这么吃长得高

奶酪是牛奶浓缩的精华，属于高钙食物，且磷、钾、镁、蛋白质含量也不低。番茄含有丰富的番茄红素，可以保护孩子皮肤，增强孩子免疫力。

碳水化合物　铁　胡萝卜素

南瓜牛肉汤

材料

南瓜、牛肉各50克，核桃油、盐、料酒各适量

做法

❶ 南瓜去皮，洗净，切丁；牛肉洗净，切丁，用盐、料酒腌制20分钟。

❷ 锅中放适量水，放入牛肉丁，大火煮沸，牛肉煮熟后放入南瓜丁煮熟，滴几滴核桃油即可。

这么吃更强壮

南瓜含有一定量的碳水化合物和丰富的胡萝卜素；牛肉富含蛋白质、铁、锌等，助力孩子长高、长壮。

香菇烧豆腐

材料

豆腐1块，干香菇3朵，冬笋20克，高汤、盐、植物油各适量

做法

❶ 干香菇温水泡发，去蒂，洗净，切片；冬笋洗净，切片。

❷ 豆腐洗净，切块，锅中加适量水煮沸，加少许盐，下豆腐焯烫，捞出。

❸ 油锅烧热，依次加入香菇片、冬笋片翻炒，加入泡香菇的水，下豆腐，加高汤煮沸，加盐调味即可。

这么吃长得高

豆腐富含蛋白质、钙、磷、镁和其他人体必需的多种微量元素。干香菇中的维生素D原经日晒后转成维生素D，能帮助钙的吸收。

肉末茄子

材料

猪瘦肉20克，茄子50克，蒜末、植物油、盐各适量

做法

❶ 猪瘦肉洗净，切末；茄子洗净，去皮，切丁。

❷ 油锅烧热，爆香蒜末，下肉末煸炒至肉末变色，把茄子丁放入同炒，加盐调味即可。

这么吃更强壮

猪肉富含优质蛋白和铁、锌、钾。紫茄子富含花青素，花青素可以提高孩子的睡眠质量，助力孩子长个子。

健脑益智：轻松学习，快乐成长

蛋白质可以构成脑细胞；铁参与合成血红蛋白，为大脑供氧；碘参与合成甲状腺激素，促进大脑发育；锌是促进脑细胞生长的重要微量元素；DHA、卵磷脂能增强脑组织活动……富含这些健脑益智营养素的食物，孩子应适当多吃。

蛋白质　钙　碘

紫菜豆腐汤

材料
紫菜20克，豆腐100克，虾皮、芝麻油、盐、植物油各适量

做法
❶ 豆腐洗净，切块；紫菜撕小片。
❷ 油锅烧热，放入虾皮炒香，加适量水煮沸。
❸ 放豆腐块、紫菜片煮2分钟，最后加盐和芝麻油调味即可。

这么吃更聪明
紫菜是补碘的好食材；豆腐、虾皮中钙和蛋白质的含量较高，有助于孩子大脑、骨骼与体内各器官的发育。

蛋白质　钙　铁

黑木耳炒肉末

材料
猪肉末50克，黑木耳10朵，盐、植物油各适量

做法
❶ 黑木耳温水泡发，洗净，切碎。
❷ 油锅烧热，下猪肉末炒至变色，下黑木耳，炒熟后加盐调味即可。

这么吃更聪明
猪肉、黑木耳都富含钙、铁，猪肉还富含蛋白质。做这道菜时可加点富含维生素C的甜椒，以促进铁的吸收。

青菜土豆肉末羹

材料

青菜3颗，土豆半个，猪肉末20克，水淀粉、植物油、芝麻油、盐各适量

做法

❶ 青菜洗净，切段；土豆去皮，洗净，切丁。

❷ 油锅烧热，下猪肉末炒散，下土豆丁，炒5分钟。

❸ 锅中加适量水煮沸，转小火煮10分钟，再倒入水淀粉拌匀，然后放青菜段稍煮，出锅前加盐、芝麻油调味即可。

这么吃更聪明

土豆含有碳水化合物、钾等营养素，青菜含有钾、钙、镁、维生素C和膳食纤维等，猪肉含蛋白质、铁、锌等。

碳水化合物　蛋白质　锌

鱼蛋饼

材料

鱼肉75克，鸡蛋1个，洋葱、黄油、植物油、番茄酱各适量

做法

❶ 洋葱去皮，洗净，切末；鱼肉去刺去皮，煮熟剁碎；黄油放于常温下软化。

❷ 鸡蛋打散成蛋液，加入洋葱末、鱼肉碎、黄油，拌匀成鸡蛋糊。

❸ 油锅烧热，加入鸡蛋糊，摊成圆饼状，煎至两面金黄。出锅后切块，淋上番茄酱即可。

这么吃更聪明

鱼肉富含蛋白质、钙、铁等，还含有一定量的DHA，有益于孩子智力发育，建议每周给孩子吃1次或2次。

蛋白质　DHA

清肝明目：维护孩子好视力

良好视力的维护离不开营养的支持。生活中，不少食物有清肝明目的功效，它们富含维生素 A、B 族维生素、维生素 C、维生素 E、锌、铁等营养素，孩子可以适当多吃。

维生素 A　维生素 E　DHA

鳗鱼山药粥

材料

熟鳗鱼肉 30 克，大米 40 克，山药 50 克，盐适量

做法

❶ 熟鳗鱼肉去刺，切片；大米洗净；山药去皮，洗净，切片。

❷ 大米、山药片入锅，加适量水煮成粥，再加入熟鳗鱼片稍煮，加盐调味即可。

这么吃视力好

鳗鱼富含维生素 A 和维生素 E，能够增强孩子的免疫力并维护孩子的视力。另外，鳗鱼还含有俗称"脑黄金"的 DHA，可以让孩子更聪明。

蛋白质　钙　B 族维生素

麦香鸡丁

材料

鸡胸脯肉、燕麦片各 50 克，白胡椒粉、盐、水淀粉、植物油各适量

做法

❶ 鸡胸脯肉洗净，切丁，用盐、水淀粉搅拌上浆。

❷ 油锅烧热，放入鸡丁滑油捞出；再加入燕麦片，炸至金黄，捞出沥油。

❸ 锅中留底油，加入炸好的鸡丁、燕麦片翻炒，加白胡椒粉、盐调味即可。

这么吃视力好

燕麦富含钙、铁、B 族维生素、膳食纤维等营养素，与含蛋白质的鸡肉搭配，营养更全面。

鸡肉卷

蛋白质　维生素A　B族维生素　卵磷脂

材料
鸡胸脯肉50克，鸡蛋2个，面粉、盐、植物油各适量

做法
❶ 鸡胸脯肉洗净，切末，加适量盐拌匀，放入油锅炒熟。

❷ 鸡蛋打散成蛋液，加适量面粉、水拌匀成面糊。

❸ 油锅烧热，加入面糊摊平，凝固后加入炒熟的鸡肉馅，用锅铲从一边卷成鸡肉卷。

❹ 鸡肉卷煎至两面金黄，盛出切段即可。

这么吃视力好
鸡胸脯肉含有丰富的优质蛋白，还含有一定量的铁、锌等；蛋黄中富含的脂溶性维生素A能保护孩子视力。

猪肉荠菜馄饨

蛋白质　铁　胡萝卜素　维生素C

材料
猪瘦肉100克，馄饨皮10张，荠菜50克，盐、芝麻油、蚝油各适量

做法
❶ 猪瘦肉、荠菜分别洗净，剁碎，加盐、蚝油拌成馅。

❷ 馅包入馄饨皮，包成馄饨。

❸ 在沸水中下入馄饨，加一次冷水，待再沸后捞起，盛入碗中，淋入芝麻油即可。

这么吃视力好
猪瘦肉与荠菜铁含量都很高，肉类中的铁吸收率高，且含蛋白质，荠菜还含有一定量的维生素C和丰富的胡萝卜素。

健脾养胃：消化好，营养足

孩子脾胃娇嫩，消化能力弱，日常饮食中，家长应让孩子适量吃富含膳食纤维的食物，这有助于促进孩子肠道蠕动、保护孩子肠道健康。同时，饭菜口味要清淡，油腻、辛辣的食物，孩子要少吃。

蛋白质　膳食纤维　钾

玉米鸡丝粥

材料

鸡肉40克，大米25克，玉米粒、芹菜各50克，盐适量

做法

❶ 大米洗净；芹菜去叶，洗净，切丁。

❷ 鸡肉洗净，切丝，加盐腌制20分钟；将玉米粒、大米和鸡肉一同放入锅中煮粥。

❸ 粥熟时，加入芹菜丁稍煮，加盐调味即可。

这么吃肠胃好

玉米富含膳食纤维，可促进胃肠蠕动，便秘的孩子可适量食用。鸡肉含蛋白质、钾等营养素。

膳食纤维　钙　钾

三豆汤

材料

绿豆、红豆、黑豆各20克

做法

❶ 绿豆、红豆、黑豆分别洗净，浸泡6小时。

❷ 绿豆、红豆、黑豆放入锅中，加适量水，小火熬煮至豆烂即可。

这么吃肠胃好

绿豆、红豆、黑豆属于杂粮，富含碳水化合物、钙、钾等营养素，也含有丰富的膳食纤维，同煮成汤后容易消化。

香芋南瓜煲

材料
芋头、南瓜各100克，椰浆250毫升，蒜、生姜、盐、植物油各适量

做法
❶ 芋头、南瓜分别去皮，洗净，切块；蒜、生姜分别洗净，切末。
❷ 油锅烧热，爆香蒜末、姜末，加入芋头块和南瓜块，小火翻炒1分钟。
❸ 加适量水，加入椰浆、盐，煮沸后转小火煮，至芋头块和南瓜块软烂。

这么吃肠胃好
芋头富含淀粉、钾等，南瓜富含膳食纤维和胡萝卜素等。香芋南瓜煲富含碳水化合物，甜甜糯糯，可助孩子健脾养胃。

燕麦奶糊

材料
奶粉30克或牛奶200毫升，即食燕麦片50克

做法
❶ 奶粉中加适量热水，冲开。
❷ 即食燕麦片加入热奶中，拌匀即可。

这么吃肠胃好
燕麦含有丰富的碳水化合物、钙、铁、膳食纤维等，营养价值较精米、精面高。丰富的膳食纤维有助于缓解孩子便秘的症状。

提高免疫力：体质好，少生病

增强孩子的免疫力，使孩子体质好，少生病，选对食物很重要。众多食物中，能提高免疫力的物质主要是多种维生素和微量元素，以维生素A、维生素C、维生素D和微量元素锌作用最为显著。

碳水化合物　膳食纤维　胡萝卜素

胡萝卜蛋炒饭

材料

米饭100克，鸡蛋2个，胡萝卜、菠菜各20克，葱花、盐、植物油各适量

做法

❶ 胡萝卜去皮，洗净，切丁；菠菜洗净，焯水，切碎；鸡蛋打散成蛋液。

❷ 油锅烧热，放蛋液炒散，盛出。

❸ 另起油锅烧热，爆香葱花，加入米饭、胡萝卜丁、菠菜碎、鸡蛋翻炒，加盐调味即可。

这么吃更强壮

菠菜与胡萝卜都属于胡萝卜素含量很高的蔬菜，而胡萝卜素可以在孩子体内转化为维生素A。

蛋白质　锌　硒

蛤蜊冬瓜汤

材料

青菜、冬瓜各50克，蛤蜊肉30克，盐适量

做法

❶ 冬瓜去皮去瓤，洗净，切片；青菜洗净，切段。

❷ 锅中加适量水，放入蛤蜊肉、青菜段和冬瓜片，煮熟，加盐调味即可。

这么吃更强壮

蛤蜊肉嫩味鲜，富含蛋白质、锌、铁、硒等，有利于增强孩子的免疫力。

三文鱼芋头三明治

材料

三文鱼50克,番茄半个,芋头2个,全麦吐司面包2片

做法

❶ 三文鱼洗净,上锅蒸熟,捣成泥;番茄洗净,切片。

❷ 芋头上锅蒸熟,去皮,捣成泥,加入三文鱼泥拌匀。

❸ 全麦吐司面包对角切三角形,将做好的三文鱼芋泥涂抹在吐司面包上,加入番茄片,盖上另一半全麦吐司面包即可。

这么吃更强壮

三文鱼肉质鲜美,含有丰富的蛋白质、维生素A、维生素D、维生素B。及多种矿物质,作为早餐,营养全面,制作方便。

藕丝炒鸡肉

材料

鸡肉100克,莲藕1节,红甜椒、黄甜椒各半个,盐、植物油各适量

做法

❶ 莲藕去皮,洗净,切丝,放入水中保存;鸡肉、红甜椒、黄甜椒分别洗净,切丝。

❷ 油锅烧热,放入红甜椒丝和黄甜椒丝,炒出香味时,放入鸡肉丝。

❸ 炒至鸡肉丝变色时加藕丝,炒熟后加盐调味即可。

这么吃更强壮

莲藕与土豆类似,含有丰富的碳水化合物、维生素C和一定量的膳食纤维。鸡肉中含有丰富的蛋白质。

固齿护牙：没有蛀牙吃饭香

钙和磷是牙釉质和牙槽骨的重要组成元素，维生素D则有助于修复牙釉质，而新鲜的蔬菜和水果是天然的牙齿清洁器，家长应通过科学安排饮食，帮助孩子更好地固齿护牙。

芝麻酱拌面

材料

面条50~100克，黄瓜半根，芝麻酱、芝麻油、植物油、白芝麻、去皮熟花生仁、盐、醋各适量

做法

❶ 黄瓜洗净，切丝；在芝麻酱中调入芝麻油、盐、醋，制成酱汁；油锅烧热，小火翻炒白芝麻至出香味，盛出，加入去皮熟花生仁一起碾碎。

❷ 面条放入沸水中煮熟，捞出过凉水，沥干盛盘。

❸ 酱汁淋入面条，撒上黄瓜丝、花生芝麻碎即可。

这么吃牙齿好

芝麻酱拌面给孩子提供满满能量的同时，还有利于促进孩子牙齿发育。

肉松香豆腐

材料

卤水豆腐1块，肉松50克，蒜片、盐、植物油各适量

做法

❶ 卤水豆腐洗净，切块，放入加盐沸水中，小火煮两分钟后捞出。

❷ 油锅烧热，爆香蒜片，放入豆腐块，用小火煎至两面金黄。

❸ 豆腐块盛出摆盘，将肉松均匀地铺在上面即可。

这么吃牙齿好

肉松和豆腐含有蛋白质、钙、磷、铁等营养素。

三色肝末

材料

鸡肝25克,胡萝卜半根,番茄1个,洋葱半个,菠菜1颗,高汤适量

做法

❶ 将鸡肝洗净,汆水,切碎;胡萝卜、洋葱分别去皮,洗净,切丁;番茄焯水,去皮,切碎;菠菜洗净,焯水,切碎。

❷ 将鸡肝末、胡萝卜丁、洋葱丁放入锅中,加入高汤,煮熟,再加入切碎的番茄、菠菜,稍煮即可。

这么吃牙齿好

三色肝末含有丰富的铁、维生素A、核黄素、维生素D等,特别适合贫血的孩子食用,也有坚固牙齿的作用。

铁　维生素A　维生素D　核黄素

芹菜香干肉丝

材料

芹菜100克,香干、猪瘦肉各50克,姜丝、生抽、盐、植物油各适量

做法

❶ 芹菜去叶,洗净,切段;猪瘦肉、香干分别洗净,切丝。

❷ 油锅烧热,放入猪肉丝煸炒,随后放入姜丝、生抽炒香。

❸ 放入香干、芹菜段炒熟,加盐调味,盛出装盘即可。

这么吃牙齿好

芹菜含有大量的膳食纤维,适量吃能使孩子的牙齿及下颌肌肉得到锻炼,还有助于清除留在牙齿上的食物残渣。

蛋白质　膳食纤维

清热去火：去除火气更健康

孩子上火不是小事，长期燥热上火会影响孩子的脾气和健康饮食，从而影响孩子正常的生长发育。孩子出现眼角有眼屎、容易发脾气的表现时，说明孩子很可能有肝火。家长应给孩子吃一些清热去火的食物进行调理。

莲子百合粥

材料
莲子、干百合各30克，大米50克

做法
❶ 干百合洗净，泡发，掰小瓣；大米、莲子洗净，莲子浸泡6小时。
❷ 莲子与大米放入锅中，加适量水煮熟，放入百合，煮至软烂即可。

这么吃去火气
百合有养心安神、健脾的作用，百合和莲子一起煮粥在秋季食用最佳，有补肺、润肺和润燥的作用。

绿豆薏米粥

材料
大米50克，薏米、绿豆各25克

做法
❶ 薏米洗净，浸泡30分钟；绿豆洗净，浸泡6小时；大米洗净。
❷ 绿豆、薏米、大米放入锅中，加适量水，煮至豆烂米稠即可。

这么吃去火气
绿豆属于杂豆类，富含碳水化合物，有清热解毒的功效。

鱼香茭白

材料

茭白4根，姜丝、水淀粉、醋、生抽、盐、植物油各适量

做法

❶ 茭白去皮，洗净，切滚刀块；醋、水淀粉、生抽、姜丝调成料汁。

❷ 油锅烧热，下茭白炸至表面微微焦黄，捞出沥油。

❸ 锅中留底油，下茭白、料汁翻炒均匀，出锅前加盐调味即可。

这么吃去火气

茭白含钾、蛋白质和膳食纤维等，可以帮助孩子清热通便。

荸荠梨汤

材料

荸荠5个，梨半个，牛奶适量

做法

❶ 荸荠洗净，去皮，切丁；梨洗净，去皮去核，切丁。

❷ 将荸荠丁、梨丁放入锅中，加适量水煮熟，加牛奶，煮沸即可。

这么吃去火气

荸荠富含钾、碳水化合物等营养素，与梨一起做成汤，有利于补充能量和水分，更能清热去火。

预防肥胖：控制能量摄入

在儿童时期，通过调整饮食、适量运动，肥胖的孩子是可以将体重降至正常水平的。家长可根据孩子的实际情况安排一日三餐，在食物多样化、蛋白质、维生素、矿物质、膳食纤维摄入充足的情况下，严格控制能量摄入。

膳食纤维　钙　维生素C

水果酸奶沙拉

材料
全麦吐司2片，酸奶1杯，草莓、哈密瓜、猕猴桃各适量

做法
❶ 全麦吐司切丁；草莓洗净，切块；哈密瓜、猕猴桃洗净，去皮，切块。
❷ 将酸奶加入碗中，再加入全麦吐司丁、水果块拌匀即可。

这么吃不变胖
酸奶富含钙，与水果做成沙拉，作为孩子的加餐，健康不长胖。

蛋白质　钾　维生素C

冬瓜肉丸汤

材料
冬瓜30克，肉末50克，盐适量

做法
❶ 冬瓜去皮去瓤，洗净，切片。
❷ 肉末做成肉丸。
❸ 冬瓜片放入锅中，加适量水煮沸，再放入肉丸煮熟，加盐调味即可。

这么吃不变胖
冬瓜含钾、钙等矿物质，而且低脂，经常食用有助于消脂减肥。肉末建议选择瘦肉末，减少脂肪摄入。

鸡丝荞麦面

材料

熟鸡胸脯肉50克，荞麦面条80克，芝麻酱、盐各适量

做法

❶ 荞麦面条煮熟，捞出过凉水，沥干盛盘。

❷ 芝麻酱加盐、凉开水，朝一个方向搅拌开，淋入荞麦面。

❸ 熟鸡胸脯肉撕丝，与面拌匀即可。

这么吃不变胖

荞麦属于粗粮，富含膳食纤维。荞麦面条不像其他杂粮口感粗糙，可以经常给孩子食用。鸡胸脯肉富含蛋白质，脂肪含量很低，适合肥胖的孩子食用。

碳水化合物　蛋白质　膳食纤维

凉拌豆腐干

材料

豆腐干100克，香菜、盐、芝麻油各适量

做法

❶ 豆腐干洗净，切条；香菜洗净，切段。

❷ 将豆腐干放入煮沸的盐水中煮2分钟，捞出沥干。

❸ 将豆腐干与香菜混合，加盐、芝麻油拌匀即可。

这么吃不变胖

豆腐干属于豆制品，含有丰富的蛋白质与钙。可以每周给孩子安排适量的豆制品，包括豆腐、豆腐皮和干丝等。

蛋白质　钙

61

10 分钟搞定营养早餐

第 **4** 章

快手早餐：
给孩子注入满满活力

米粥不单调，孩子才爱吃

碳水化合物　膳食纤维　胡萝卜素

南瓜粥

材料
南瓜、大米各50克

做法
❶ 南瓜洗净，去皮，切块。
❷ 大米洗净，与南瓜块一起放入锅中，加适量水大火煮沸，转小火慢煮，煮至黏稠即可，也可以用电高压锅的煮粥模式。

这么吃更强壮

南瓜粥含有膳食纤维、碳水化合物、胡萝卜素及丰富的维生素、矿物质等，有助于孩子维持正常视觉，促进孩子骨骼发育，润肠通便。

碳水化合物　膳食纤维　B族维生素

山药鱼肉粥

材料
鱼肉30克，大米20克，山药25克，盐适量

做法
❶ 大米洗净；鱼肉去刺去皮，切片，加盐腌制30分钟；山药去皮，洗净，切片。
❷ 大米、山药片入锅，加适量水煮成粥，再加入鱼肉片煮熟，加盐调味即可。

这么吃更聪明

鱼肉富含优质蛋白和一定量的铁、锌。另外，鱼肉中还含有俗称"脑黄金"的DHA，有利于孩子大脑的发育。山药中含有膳食纤维、胡萝卜素、B族维生素等营养素。

菠菜虾仁粥

材料

虾仁50克，菠菜、大米各30克，植物油、盐各适量

做法

❶ 虾仁洗净，切丁；菠菜洗净，焯水，切碎。
❷ 大米洗净，加适量水煮成粥，加菠菜碎、虾仁丁拌匀，煮3分钟，出锅前加植物油和盐调味即可。

这么吃更强壮

鲜虾肉质细嫩，味道鲜美，含有较多的蛋白质以及钙、硒等矿物质，是优质蛋白的良好来源。

蛋黄牛肉粥

材料

牛肉20克，大米30克，鸡蛋1个，植物油、盐各适量

做法

❶ 大米洗净；牛肉洗净，切末；鸡蛋取蛋黄。
❷ 油锅烧热，放入牛肉末，炒至变色加适量水，放入大米。
❸ 待煮沸后转小火继续煮40分钟，加盐调味，趁热加入打散的蛋黄液即可。

这么吃更聪明

牛肉富含优质蛋白、铁、锌等；蛋黄富含多种营养元素，其中的卵磷脂有助于孩子大脑的发育。

枣莲三宝粥

材料

绿豆20克，大米80克，莲子、去核红枣、红糖各适量

做法

❶ 大米、红枣洗净；绿豆、莲子洗净，浸泡6小时。

❷ 将泡好的绿豆、莲子放入锅中，加适量水煮沸，再加入红枣和大米，用小火煮至豆烂粥稠，加红糖调味即可。

这么吃更强壮

绿豆可增进食欲、抗过敏；莲子富含蛋白质，又有烟酸、钾、钙、镁等营养元素；红枣富含维生素C和矿物质，能提高免疫力。

板栗红枣粥

材料

板栗10个，去核红枣5颗，大米50克，白糖适量

做法

❶ 大米洗净；板栗去壳，剥皮，切块；红枣洗净。

❷ 大米、板栗放入锅中，加适量水煮沸。

❸ 放入红枣，熬煮30分钟至黏稠，加白糖调味即可。

这么吃更强壮

板栗属于坚果，但脂肪含量不高，含碳水化合物、维生素C和胡萝卜素，早餐食用，给孩子满满能量。

小米芹菜粥

碳水化合物　蛋白质　膳食纤维　维生素

材料

小米50克,芹菜30克,盐适量

做法

❶ 小米洗净,放入锅中,加适量水,熬成粥。

❷ 芹菜去叶,洗净,切丁;在小米粥熟时放入芹菜丁和盐,再煮3分钟即可。

这么吃更强壮

小米含有多种维生素、蛋白质等人体所必需的营养物质,其中硫胺素的含量在谷类食物中位列中上,有助于维持孩子神经系统正常运转。芹菜富含膳食纤维,有利于缓解孩子便秘。

奶香山药燕麦粥

碳水化合物　蛋白质　膳食纤维　铁

材料

牛奶150毫升,即食燕麦片、山药各50克

做法

❶ 山药去皮,洗净,切块。

❷ 锅中加适量水,放入山药块,用小火煮,边煮边搅拌至山药熟透,加入牛奶、燕麦片煮成粥即可。

这么吃更强壮

牛奶含优质蛋白和钙;燕麦含有丰富的碳水化合物、铁、膳食纤维等;山药含碳水化合物、钾、B族维生素等。三者搭配食用营养丰富。

碳水化合物　蛋白质　钙　磷

板栗瘦肉粥

材料

大米50克，板栗3个，瘦肉末30克，盐适量

做法

❶ 板栗去壳，剥皮，捣碎；大米洗净；瘦肉末加盐腌制20分钟。

❷ 锅中加适量水煮沸，加板栗、大米、瘦肉末同煮，煮至粥熟，加盐调味即可。

这么吃肠胃好

板栗瘦肉粥含有蛋白质、钙、磷、铁、硫胺素、核黄素、烟酸等营养成分，具有健脾养胃的功能，对孩子食欲不佳、腹胀、腹泻有一定缓解作用。

碳水化合物　DHA　卵磷脂　维生素A

鳝鱼粥

材料

鳝鱼80克，大米40克，薏米30克，山药20克，盐适量

做法

❶ 鳝鱼去内脏，洗净，切段，用盐腌制20分钟；大米、薏米洗净，薏米浸泡30分钟；山药去皮，洗净，切块。

❷ 锅中加适量水煮沸，放入鳝鱼段、大米、薏米、山药块，煮至粥熟，加盐调味即可。

这么吃更聪明

鳝鱼富含DHA和卵磷脂，卵磷脂是构成人体各器官组织细胞膜的主要成分，而且是脑细胞不可缺少的营养成分，可以提高孩子的记忆力。鳝鱼维生素A含量较高，可以改善孩子的视力。

鳗鱼蛋黄青菜粥

材料

熟鳗鱼肉30克，大米50克，熟鸡蛋黄1个，青菜2颗，盐适量

做法

❶ 熟鳗鱼肉去刺，切片；青菜洗净，切碎；熟鸡蛋黄磨碎；大米洗净。

❷ 大米放入锅中，加适量水煮粥，快熟时加入熟鸡蛋黄、青菜碎、熟鳗鱼片和盐，稍煮即可。

这么吃更聪明

鳗鱼营养价值非常高，被称作"水中的软黄金"，含有丰富的蛋白质、维生素、矿物质以及DHA和EPA。适量食用鳗鱼，可以促进孩子大脑发育，增强记忆力。

碳水化合物　蛋白质　维生素　矿物质

绿豆莲子粥

材料

绿豆、莲子、小米各20克

做法

❶ 小米、绿豆、莲子洗净，绿豆、莲子浸泡6小时。

❷ 绿豆、莲子、小米放入锅中，加适量水煮成粥即可。

这么吃更强壮

绿豆莲子粥的碳水化合物、钙、磷和钾含量非常高，非常适合孩子夏季食用，补充能量的同时，清热解暑。

碳水化合物　钙　磷　钾

碳水化合物 蛋白质 胡萝卜素 铁

胡萝卜瘦肉粥

材料

胡萝卜半根，生鸡蛋黄1个，大米30克，猪瘦肉、盐各适量

做法

❶ 胡萝卜去皮，洗净，切丁；猪瘦肉洗净，切丁，加盐腌制20分钟；大米洗净。

❷ 大米、猪瘦肉丁、胡萝卜丁放入锅中，加适量水煮成粥，粥熟后打入生鸡蛋黄拌匀，加盐调味，稍煮即可。

这么吃更强壮

猪瘦肉富含蛋白质，矿物质中尤以铁、磷、钾、锌等含量较为突出。如果孩子属于缺铁性贫血，可以适量多添加一些猪瘦肉，以帮助孩子补充铁元素。

碳水化合物 蛋白质 卵磷脂

蛋黄香菇粥

材料

生鸡蛋黄1个，鲜香菇2朵，大米30克，盐适量

做法

❶ 大米洗净；鲜香菇去蒂，洗净，切丝；生鸡蛋黄打散成蛋液。

❷ 将大米和香菇丝放入锅中，加适量水煮沸，再下蛋液拌匀，煮至粥熟，加盐调味即可。

这么吃更强壮

香菇中含有香菇多糖、膳食纤维、矿物质等营养成分，蛋黄富含蛋白质、卵磷脂等。此粥可以为孩子提供多种营养物质，有利于孩子增强抵抗力。

苦瓜粥

材料

苦瓜20克，大米50克，盐适量

做法

❶ 苦瓜洗净，去瓤，切丁；大米洗净。
❷ 大米放入锅中加适量水煮沸，再放苦瓜丁，煮至粥稠，加盐调味即可。

这么吃更强壮

苦瓜粥含膳食纤维、胡萝卜素、苦瓜苷、钾、铁等。值得一提的是，苦瓜维生素C含量很高，孩子经常食用，不但能清火，还能提高免疫力。

碳水化合物　膳食纤维　维生素C

什锦蔬菜粥

材料

大米30克，芹菜、胡萝卜、黄瓜、玉米粒、盐各适量

做法

❶ 大米洗净；胡萝卜去皮，洗净，切丁；芹菜去叶，洗净，切丁；黄瓜洗净，切丁。
❷ 大米放入锅中，加适量水煮粥。
❸ 粥将熟时，放入胡萝卜丁、芹菜丁、黄瓜丁、玉米粒、盐煮10分钟即可。

这么吃肠胃好

什锦蔬菜粥含有丰富的碳水化合物、膳食纤维、胡萝卜素、B族维生素，不仅能促进生长发育，还能促进肠胃蠕动，帮助排便，特别适合便秘的孩子食用。

碳水化合物　膳食纤维　胡萝卜素

什锦水果粥

材料
苹果半个，香蕉半根，哈密瓜1小块，草莓3个，大米30克

做法
❶ 大米洗净；苹果洗净，去皮去核，切丁；香蕉去皮，切丁；哈密瓜洗净，去皮去瓤，切丁；草莓洗净，切丁。
❷ 大米加适量水煮成粥，快熟时加入苹果丁、香蕉丁、哈密瓜丁、草莓丁稍煮即可。

这么吃肠胃好

什锦水果粥鲜香滑软，可口又营养，含多种维生素和矿物质，易消化，对维持孩子肠道正常功能很有帮助。

淡菜瘦肉粥

材料
淡菜10克，猪瘦肉40克，大米50克，干贝、盐各适量

做法
❶ 淡菜、干贝浸泡12小时；猪瘦肉洗净，切末，用盐腌制20分钟；大米洗净。
❷ 锅中加适量水煮沸，放入大米、淡菜、干贝、猪瘦肉末同煮，煮至粥熟，加盐调味即可。

这么吃更聪明

淡菜含有丰富的蛋白质、钙、磷、铁、锌、维生素等营养元素，可促进新陈代谢，保证大脑和身体活动的营养所需。

10分钟面食, 吃得饱不挨饿

蛋煎馒头片

材料

馒头1个, 鸡蛋2个, 植物油、熟黑芝麻各适量

做法

❶ 馒头切片, 鸡蛋打散成蛋液。

❷ 馒头片均匀裹上蛋液, 油锅烧热, 放入馒头片, 煎至两面金黄, 撒上熟黑芝麻即可。

这么吃更聪明

鸡蛋含有卵磷脂、蛋白质、维生素A等营养元素, 可变着花样做, 调动孩子的胃口。

碳水化合物　蛋白质　维生素A　卵磷脂

酱香薄肉饼

材料

面粉200克, 猪肉末150克, 熟白芝麻、黄豆酱、蚝油、生抽、芝麻油、老抽、姜末、葱花、植物油各适量

做法

❶ 面粉中加适量水和面, 揉成面团, 盖上保鲜膜醒发10~15分钟。把黄豆酱、蚝油、生抽、老抽、芝麻油与猪肉末拌匀制成肉馅, 加适量水把肉馅打上劲, 加姜末拌匀。

❷ 面团擀成薄面饼, 铺上肉馅。

❸ 油锅烧热, 先煎铺肉馅的一面, 面饼稍硬后翻面再煎至熟, 撒上葱花、白芝麻即可。

这么吃更强壮

猪肉富含蛋白质、B族维生素、铁等, 适量食用可以强健孩子的体质。

碳水化合物　蛋白质　铁　B族维生素

73

碳水化合物 蛋白质 胡萝卜素 番茄红素

番茄厚蛋饼

材料

鸡蛋、番茄各1个，扁豆25克，面粉、盐、植物油各适量

做法

❶ 番茄焯水，去皮，切碎；扁豆择洗干净，焯熟，沥干切碎；鸡蛋打散成蛋液，加入番茄碎、扁豆碎、盐、面粉拌匀成面糊。

❷ 油锅烧热，均匀地铺一层面糊在锅底，凝固后卷起盛出，切段装盘即可。

这么吃更强壮

鸡蛋是补充蛋白质、卵磷脂、B族维生素的良好来源。番茄含有丰富的胡萝卜素和番茄红素，具有保护皮肤、增强免疫力的作用。

蛋白质 膳食纤维 胡萝卜素

时蔬蛋卷

材料

鸡蛋2个，胡萝卜、四季豆各50克，面粉、鲜香菇、盐、植物油各适量

做法

❶ 四季豆择洗干净，焯熟，沥干，切碎；胡萝卜去皮，洗净，剁碎；鲜香菇去蒂，洗净，切碎。

❷ 鸡蛋打散成蛋液，加入胡萝卜碎、香菇碎、四季豆碎、盐、面粉拌匀成面糊。

❸ 油锅烧热，加入面糊，在半熟状态下卷起，煎熟盛出，切段装盘即可。

这么吃视力好

鸡蛋含有丰富的蛋白质；胡萝卜含有丰富的胡萝卜素及大量可溶性纤维素，有助于保护孩子视力。

西葫芦饼

材料

鸡蛋1个，面粉50克，西葫芦半个，盐、植物油各适量

做法

❶ 西葫芦洗净，切丝；鸡蛋打散成蛋液，加入面粉、西葫芦丝、盐、适量水搅拌成面糊状。
❷ 油锅烧热，慢慢加入面糊，摊成饼，小火慢煎。
❸ 将西葫芦饼煎至两面金黄后，盛出切块即可。

这么吃更强壮

西葫芦含维生素C、钙、钾、维生素K、膳食纤维等，有益于增强孩子免疫力，维护肠道健康。

碳水化合物　蛋白质　膳食纤维　维生素C

咸蛋黄馒头粒

材料

馒头1个，鸡蛋1个，植物油、熟咸蛋黄各适量

做法

❶ 馒头切丁，放入打散的蛋液中，让馒头丁裹上蛋液；熟咸蛋黄碾碎。
❷ 油锅烧热，放入裹上蛋液的馒头丁，炒至金黄盛出。
❸ 将炒好的馒头丁与碾碎的熟咸蛋黄拌匀即可。

这么吃更聪明

咸蛋黄富含卵磷脂与不饱和脂肪酸、蛋白质等人体需要的营养元素。不过咸蛋黄含盐量较高，不宜过量食用。

碳水化合物　蛋白质　卵磷脂

碳水化合物 蛋白质 胡萝卜素 有机酸

山楂冬瓜饼

材料

山楂5颗，牛奶、冬瓜、面粉、盐、植物油各适量

做法

❶ 山楂洗净，盐水浸泡1小时后冲去盐水，去核，切碎；冬瓜去皮去瓤，洗净，切丝。

❷ 面粉、山楂碎、冬瓜丝拌匀，加适量牛奶、盐拌匀成面糊。

❸ 油锅烧热转小火，加入面糊，用锅铲摊平，两面煎至金黄，盛出切块即可。

这么吃更强壮

山楂含有丰富的果糖、胡萝卜素、维生素C与有机酸，有机酸有利于增强孩子的食欲。

碳水化合物 蛋白质 钙

虾仁丸子面

材料

荞麦面25~75克，黄瓜片20克，虾仁4只，猪肉馅、黑木耳、盐各适量

做法

❶ 虾仁洗净，剁碎，加入猪肉馅、盐，顺时针搅成泥状，做成虾肉丸。

❷ 黑木耳温水泡发，洗净；荞麦面煮熟，盛入碗中。

❸ 虾肉丸、黑木耳、黄瓜片放入沸水中煮熟，加盐调味；将汤和菜料加入面碗中拌匀即可。

这么吃肠胃好

荞麦属于粗粮，膳食纤维含量较高，适量摄入粗粮更有利于健康；虾仁属于低脂高蛋白食材，还含有丰富的钙和铁。

虾仁蝴蝶面

材料

蝴蝶面30克，土豆1/4个，胡萝卜半根，鲜香菇2朵，虾仁2~4只，植物油、盐各适量

做法

❶ 土豆去皮，洗净，切丁；胡萝卜去皮，洗净，切丁；鲜香菇去蒂，洗净，切片；虾仁洗净。

❷ 油锅烧热，下土豆丁、胡萝卜丁、香菇片和虾仁炒熟，出锅前放盐调味。

❸ 锅中加适量水煮沸，放入蝴蝶面，煮熟盛出，摆上土豆丁、胡萝卜丁、香菇片和虾仁即可。

这么吃更强壮

虾仁蝴蝶面富含碳水化合物、蛋白质、钙、铁等营养素，食材丰富，营养均衡。

家常鸡蛋饼

材料

鸡蛋1个，面粉50克，植物油适量

做法

❶ 鸡蛋打散成蛋液，加入面粉、适量水拌匀成面糊。

❷ 油锅烧热，慢慢加入面糊，摊成饼，小火慢煎。

❸ 待一面煎熟，翻过来再煎另一面至熟即可。

这么吃更聪明

家常鸡蛋饼含丰富的碳水化合物、蛋白质、卵磷脂。可将其作为孩子的主食，还可以在鸡蛋饼里加少量蔬菜，做成鸡蛋菜饼，营养更丰富。

77

阳春面

材料

面条50克，洋葱片、高汤、葱花、蒜末、植物油各适量

做法

❶ 油锅烧热，爆香洋葱片，变色后捞出，盛出洋葱油。

❷ 面条放入沸水中煮熟，捞出，加入高汤、洋葱油，撒上葱花、蒜末即可。

这么吃精力足

阳春面含丰富的碳水化合物，可以给孩子提供充足的能量。另外，吃阳春面的同时还可以搭配适量肉、蛋或蔬菜。

牛肉卤面

材料

牛肉50克，胡萝卜半根，红甜椒半个，竹笋半根，面条100克，生抽、水淀粉、盐、芝麻油、植物油各适量

做法

❶ 胡萝卜去皮，洗净，切丁；牛肉、红甜椒、竹笋分别洗净，切丁；面条煮熟，捞出过凉水，沥干盛出。

❷ 油锅烧热，放牛肉丁煸炒，再放胡萝卜丁、红甜椒丁、竹笋丁翻炒，加入生抽、盐、水淀粉煮沸，浇在面条上，淋入芝麻油调味即可。

这么吃更强壮

胡萝卜富含胡萝卜素；红甜椒含有丰富的维生素C；牛肉含有丰富的蛋白质。牛肉卤面营养均衡，可以作为孩子的主食。

鸡蛋紫菜饼

材料

鸡蛋1个，面粉100克，紫菜、植物油、盐各适量

做法

❶ 鸡蛋打散成蛋液；紫菜撕碎。

❷ 蛋液中加入面粉、紫菜碎、盐拌匀成面糊。

❸ 油锅烧热，将适量面糊加入锅中，小火煎成圆饼，盛出切块即可。

这么吃更聪明

鸡蛋紫菜饼富含钙、卵磷脂等营养物质，含有的碘元素能促进孩子智力发育。紫菜与鸡蛋的搭配，提升了饼的鲜味，让孩子更爱吃。

银鱼蔬菜煎蛋饼

材料

银鱼100克，青菜1颗，鸡蛋2个，葱段、葱花、盐、植物油、料酒各适量

做法

❶ 银鱼放入沸水锅中，加葱段、料酒氽烫至变色后捞出；青菜洗净，焯烫后捞出。

❷ 青菜切末；鸡蛋打散成蛋液，加入银鱼、青菜末、葱花、盐拌匀。

❸ 油锅烧热，加入混合蛋液，煎蛋饼至两面金黄，盛出切块即可。

这么吃更聪明

银鱼含蛋白质、钙、铁、DHA等，可增强孩子记忆力。如果买不到新鲜银鱼，可用银鱼干代替。

碳水
化合物　膳食
纤维

玉米糊饼

材料

鲜玉米粒 100 克，葱花、植物油各适量

做法

❶ 鲜玉米粒用豆浆机打碎，加适量水，搅成糊状；把葱花放到玉米糊中拌匀。

❷ 油锅烧热，加入葱花玉米糊，在锅中煎成薄饼，两面都煎熟即可。

这么吃肠胃好

玉米中含有较多的膳食纤维，可加强肠道蠕动，有效预防孩子便秘。

蛋白质　钙　钾

牛肉土豆饼

材料

牛肉 50 克，鸡蛋、土豆各 1 个，牛奶、面粉、料酒、盐、植物油各适量

做法

❶ 土豆去皮，洗净，蒸熟，加牛奶捣成泥糊；鸡蛋打散成蛋液。

❷ 牛肉洗净，剁泥，用料酒、盐腌制 30 分钟，再和土豆泥混合。

❸ 将拌好的牛肉土豆泥做成圆饼，裹一层面粉，再裹一层蛋液，放入油锅，双面煎熟即可。

这么吃更强壮

牛肉含有丰富的蛋白质、钙、钾等营养素；土豆含有充足的碳水化合物。两者结合可以增强孩子体力，补充热量。

肉泥洋葱饼

蛋白质　钙　铁

材料
肉泥20克,面粉50克,洋葱、盐、植物油各适量

做法
❶ 洋葱去皮,洗净,切碎。

❷ 将面粉、肉泥、洋葱碎混合,加入少量盐和适量水,搅拌成糊状。

❸ 油锅烧热,将碗内的肉糊加入锅中,煎成小饼,慢慢转动,双面煎熟即可。

这么吃更强壮
肉泥洋葱饼不仅可以为孩子补充蛋白质、钙、铁,还有健胃消食的功效。

菠菜银鱼面

蛋白质　钙　锌

材料
面条50克,菠菜30克,银鱼20克,鸡蛋1个,盐适量

做法
❶ 菠菜洗净,焯水,切段;鸡蛋煎熟,切丝;锅中加适量水煮沸,放入面条煮2分钟。

❷ 放入菠菜段、银鱼、鸡蛋丝,煮至面条熟,加盐调味即可。

这么吃更强壮
菠菜含有维生素C、铁、膳食纤维等;银鱼可以补充蛋白质、钙、锌等。

自创营养水，孩子不发烧、少生病

膳食纤维　维生素C

番茄苹果汁

材料

番茄1个，苹果半个

做法

❶ 番茄焯水，去皮，切块，用榨汁机榨汁。

❷ 苹果洗净，去皮去核，切块，用榨汁机榨汁。

❸ 取1~2汤匙苹果汁放入番茄汁中，以1:2的比例加温开水即可。

这么吃更强壮

番茄苹果汁含膳食纤维、维生素C，在补充营养的同时，还能调理肠胃、增强体质。

碳水化合物　维生素

甘蔗荸荠水

材料

甘蔗1小节，荸荠3个

做法

❶ 甘蔗去皮，洗净，切段。

❷ 荸荠洗净，去皮去蒂，切块。

❸ 甘蔗段和荸荠块放入锅中，加适量水，大火煮沸后撇去浮沫，转小火煮至荸荠全熟，过滤出汁液即可。

这么吃精力足

甘蔗是可以榨糖的作物，富含天然蔗糖；荸荠含有较多淀粉。两者都是富含碳水化合物的食物，可以为孩子补充能量，但注意控制量，不宜喝太多。

百香青柠蜜饮

材料

百香果、青柠、黄柠各2个, 梨1个, 蜂蜜80克

做法

❶ 百香果洗净, 切开, 将果肉、果汁挖出, 与蜂蜜拌匀, 置于密封罐, 放入冰箱存放1周, 制成百香果原浆。

❷ 梨洗净, 去皮去核, 切块; 青柠、黄柠分别洗净, 切片。

❸ 锅中加适量水、梨块和两种柠檬片, 小火煮沸, 盛出放凉, 加百香果原浆拌匀即可。

这么吃更强壮

百香青柠蜜饮含蛋白质、维生素、钙、磷、铁、钾等, 能开胃补钙、清心润肺, 促进儿童生长发育。制作时水温不宜超过40℃, 以免破坏蜂蜜的有效成分, 影响口感。

银耳杏仁润肺饮

材料

银耳50克, 梨1只, 杏仁5克, 冰糖50克

做法

❶ 银耳冷水泡发, 洗净, 撕小朵; 梨洗净, 去皮去核, 切块。

❷ 锅中加适量水, 放入银耳, 大火煮沸转小火焖煮30分钟。

❸ 加入梨块和杏仁再煮30分钟, 加冰糖焖煮5分钟至冰糖彻底溶化即可。

这么吃精力足

杏仁含有苦杏仁苷、黄酮类物质、钙和钾等, 可以止咳平喘, 故此款饮品属于润肺止咳佳品, 但对杏仁过敏的孩子应避免饮用。

碳水化合物　钙　维生素C

雪花香橙露

材料

橙子5个，动物淡奶油50毫升，白糖10克

做法

❶ 橙子洗净，切2片，其余去皮，切块榨汁。

❷ 动物淡奶油中加入白糖搅拌至可流动状态，奶盖制作完成。

❸ 将橙子片放在杯口装饰点缀，加入榨好的橙汁，加上奶盖即可。

这么吃更强壮

新鲜橙汁营养丰富，但不宜长时间存放。此款饮品含多种维生素和钙，制成后应尽快饮用，且奶油量不可多，以免蛋白质在果酸作用下凝固，引起腹胀。

钾　磷　维生素C

柠檬荸荠露

材料

柠檬1个，荸荠150克，冰糖10克，盐适量

做法

❶ 用盐搓洗柠檬表面，半个取汁，其余切片；荸荠洗净，去皮，切块。

❷ 荸荠和冰糖放入锅中，加适量水，煮沸转小火再煮15分钟。

❸ 荸荠水自然放温，加入柠檬汁拌匀。最后放入柠檬片点缀即可。

这么吃去火气

此款饮品含钾、磷、维生素C，可促进孩子新陈代谢，有开胃消食、清热解毒、益气明目等功效。

桑葚生姜红糖水

材料

桑葚100克，生姜10克，红糖5克，盐适量

做法

❶ 桑葚洗净，盐水浸泡15分钟，沥干；生姜洗净，去皮，切丝。

❷ 桑葚和生姜丝放入锅中，加适量水，大火煮沸转小火煮20分钟左右。

❸ 加入红糖调味即可。

这么吃更强壮

桑葚含活性蛋白、维生素、钙、铁、锌、硒等，具有增强免疫力、补血益气等作用；生姜有解表散寒的功效。此款饮品非常适合孩子风寒感冒时饮用。

钙　铁　维生素

雪梨无花蜂蜜水

材料

雪梨1个，无花果2个，蜂蜜20克，枸杞适量

做法

❶ 雪梨洗净，去皮去核，切块。

❷ 无花果洗净，去蒂，切块。

❸ 雪梨块、无花果块和枸杞放入锅中，加适量水，大火煮沸转小火煮30分钟左右。

❹ 自然放温，加入蜂蜜拌匀即可。

这么吃更强壮

无花果含钙量很高，每100克无花果含钙67毫克，还含多种氨基酸、维生素和硒，可以提高孩子的免疫力。

碳水化合物　钙　硒　维生素

膳食
纤维　维生素　矿物质

枣仁桃干绿豆汤

材料

红枣50克，桃干30克，绿豆80克，白糖5克

做法

❶ 绿豆洗净，浸泡6小时；红枣洗净，去核。

❷ 绿豆放入锅中，加适量水煮沸，转小火煮至绿豆开花。

❸ 放入去核红枣继续煮15分钟。

❹ 加入桃干，煮沸，加入白糖调味即可。

这么吃更强壮

绿豆含钙、蛋白质；红枣含维生素及矿物质；桃干含膳食纤维和铁。三种食材强强联合，让此款饮品营养价值倍增。

碳水
化合物　胡萝
卜素

苹果胡萝卜汁

材料

苹果、胡萝卜各半个

做法

❶ 苹果洗净，去皮去核，切丁；胡萝卜去皮，洗净，切丁。

❷ 苹果丁和胡萝卜丁放入锅中，加适量水煮10分钟，至胡萝卜丁、苹果丁均软烂。

❸ 滤取汁液即可。

这么吃视力好

胡萝卜富含胡萝卜素，可增强视网膜的感光力。胡萝卜与苹果一起煮汁饮用，不仅味道香甜，还能健脾消食、润肠通便。

山楂焦糖苹果汁

材料

山楂150克，苹果1个，冰糖50克，盐适量

做法

❶ 山楂洗净，盐水浸泡1小时后冲去盐水，去核；苹果洗净，去皮去核，切丁。

❷ 冰糖放入不粘锅，开中火，搅拌制成焦糖；加适量沸水，搅拌焦糖水成琥珀色糖浆。

❸ 山楂放入榨汁机内，加适量水榨成山楂汁；山楂汁倒入焦糖水锅中，搅拌至煮沸。

❹ 盛出放凉，加入苹果丁即可。

这么吃更强壮

孩子对钙的需求量很大，而山楂除了富含维生素，还含丰富的钙。当然山楂虽然钙含量高，但口味偏酸，食用需适量。

碳水化合物　钙　钾

柚子百合冰糖饮

材料

柚子半个，鲜百合50克，冰糖25克

做法

❶ 柚子去皮，切块；鲜百合去残瓣，掰小瓣，洗净。

❷ 百合片放入锅中，加适量水，大火煮沸转中火，煮30分钟。

❸ 放入柚子肉、冰糖，小火继续煮30分钟即可。

这么吃更强壮

柚子含钾、膳食纤维、维生素C等；百合含维生素、磷、钙、钾等，可增强免疫力。百合性寒，脾胃虚寒及大便稀溏的孩子慎用。

碳水化合物　钙　磷　维生素C

碳水
化合物 维生素C

莲藕苹果柠檬汁

材料

莲藕半节，苹果半个，柠檬汁适量

做法

❶ 莲藕洗净，去皮，切块，放入锅中，加适量水煮熟；苹果洗净，去皮去核，切块。
❷ 莲藕块和苹果块放入榨汁机，加适量温开水打匀，过滤出汁液。
❸ 在汁液中加几滴柠檬汁即可。

这么吃更强壮

莲藕苹果柠檬汁富含维生素C，既能帮助孩子消化，又能供给孩子需要的碳水化合物和微量元素。

钙 钾 维生素C

生菜苹果汁

材料

生菜半颗，苹果1个

做法

❶ 生菜洗净，切段；苹果洗净，去皮去核，切块。
❷ 生菜段和苹果块放入榨汁机，加适量温开水打匀，过滤出汁液即可。

这么吃更强壮

生菜含有维生素C，可以增强孩子的免疫力，还含有钙、钾、镁等矿物质，可以促进骨骼和牙齿发育。

白菜胡萝卜汁

钙　钾　胡萝卜素

材料
白菜叶3片，胡萝卜半根，盐适量

做法
❶ 白菜洗净，切段；胡萝卜去皮，洗净，切片。
❷ 白菜叶和胡萝卜片放入锅中煮软，捞出，与少量煮菜的水一起放入榨汁机打匀，过滤出汁液即可。

这么吃视力好

白菜胡萝卜汁含胡萝卜素及钙、钾等矿物质，对孩子的视力、骨骼发育有很大帮助。

西瓜桃子汁

碳水化合物　胡萝卜素

材料
西瓜瓤100克，桃子1个

做法
❶ 桃子洗净，去皮去核，切块；西瓜瓤切块，去籽。
❷ 桃子块和西瓜块放入榨汁机，加适量温开水打匀，过滤出汁液即可。

这么吃精力足

西瓜桃子汁不但含有容易消化吸收的碳水化合物，还含有胡萝卜素及多种矿物质，可以促进孩子生长发育。桃子富含果胶，经常食用可以预防便秘。

午餐便当巧搭配

第 **5** 章

能量午餐：
营养健康，吃得安全

膳食纤维　钾　B族维生素

美味杏鲍菇

材料

杏鲍菇2根,蒜末、生抽、白糖、黑胡椒粉、盐、植物油各适量

做法

❶ 杏鲍菇洗净,切条。

❷ 油锅烧热,爆香蒜末,加入杏鲍菇条翻炒片刻,加入生抽、白糖、黑胡椒粉继续翻炒至入味,加盐调味即可。

这么吃精神旺

杏鲍菇富含钾、烟酸、膳食纤维等营养素,也可以搭配肉类同炒,味道更香。

碳水化合物　膳食纤维　维生素C

柠檬藕

材料

莲藕1节,柠檬半个,橙汁适量

做法

❶ 莲藕洗净,去皮,切片;柠檬取皮切丝。

❷ 莲藕片焯熟,捞出过凉水,沥干盛盘;挤柠檬取汁。

❸ 橙汁与柠檬汁混合拌匀,淋在莲藕片上,撒上柠檬皮丝即可。

这么吃更强壮

柠檬富含维生素C,与含膳食纤维的藕片搭配,再加上酸甜的橙汁,可增进孩子的食欲。柠檬藕有清凉解暑的功效,很适合夏季食用。

白灼金针菇

材料

金针菇100克，生抽、白糖、盐、植物油各适量

做法

❶ 金针菇去根，撕散洗净，焯熟，捞出沥干，装盘。

❷ 生抽加白糖、盐拌匀，浇在金针菇上。

❸ 油锅烧热，淋热油到金针菇上即可。

这么吃精神旺

金针菇含有丰富的蛋白质，还含有多种维生素和矿物质等。但它不易消化，家长可事先将金针菇切碎，去掉不容易消化的根部，并用沸水烫软。

蛋白质　维生素　矿物质

奶油娃娃菜

材料

娃娃菜1颗，牛奶100毫升，高汤1碗，干淀粉、植物油、盐各适量

做法

❶ 娃娃菜洗净，切段；牛奶中加入干淀粉拌匀。

❷ 油锅烧热，加入娃娃菜段煸炒，加入高汤，烧至八成熟。

❸ 加入调好的牛奶，再煮沸加盐调味即可。

这么吃长得高

牛奶中的钙容易被人体吸收，所以牛奶是给孩子补钙的首选食材；娃娃菜也是钙的良好来源之一。

膳食纤维　钙

木耳炒山药

材料

山药半根，黑木耳5朵，青椒块、红甜椒块、
蚝油、盐、植物油各适量

做法

❶ 山药去皮，洗净，切片，焯熟；黑木耳温
水泡发，洗净。
❷ 油锅烧热，加入山药片、青椒块、红甜椒
块翻炒。
❸ 加入黑木耳继续翻炒至熟，加蚝油、盐调
味即可。

这么吃精神旺

黑木耳含有丰富的非血红素铁，还含有一定量
的膳食纤维；山药含有碳水化合物、钾等营养
素。黑木耳要泡软，以便于孩子咀嚼吞咽。

口蘑炒豌豆

材料

口蘑50克，豌豆100克，高汤、水淀粉、盐、
植物油各适量

做法

❶ 口蘑洗净，切丁；豌豆洗净。
❷ 油锅烧热，放入口蘑和豌豆翻炒，加适量
高汤煮熟，用水淀粉勾芡，出锅前加盐调味
即可。

这么吃更强壮

口蘑富含蛋白质、烟酸及钙、磷、钾、硒等矿物
质，能提高孩子的免疫力。

胡萝卜炒鸡蛋

材料

鸡蛋1个，胡萝卜半根，植物油、盐各适量

做法

❶ 胡萝卜去皮，洗净，切丝；鸡蛋打入碗中，加盐打散成蛋液。

❷ 油锅烧热，放入胡萝卜丝，炒至胡萝卜丝变软。

❸ 另起油锅烧热，将蛋液倒入锅中，快速划散成鸡蛋碎。

❹ 将炒好的鸡蛋加入有胡萝卜丝的锅中炒匀，加盐调味即可。

这么吃视力好

鸡蛋富含蛋白质、卵磷脂和多种微量元素。适量食用胡萝卜，有利于补充胡萝卜素，从而保护孩子视力。

蛋白质　胡萝卜素　卵磷脂

茄子烧番茄

材料

茄子1根，番茄、青椒各1个，盐、姜末、蒜末、植物油各适量

做法

❶ 番茄、茄子、青椒洗净，切块。

❷ 油锅烧热，爆香姜末、蒜末，放入茄子煸炒至变软，盛出。

❸ 另起油锅烧热，放入番茄、青椒翻炒，加适量盐，再加入茄子翻炒均匀即可。

这么吃更强壮

茄子含有一定量的钾、钙、膳食纤维等；番茄富含番茄红素、胡萝卜素和有机酸。茄子烧番茄，味道佳、营养丰富。

钾　番茄红素　胡萝卜素

膳食纤维　铁　维生素C

西蓝花拌黑木耳

材料

西蓝花1小颗,黑木耳10朵,胡萝卜半根,蒜末、生抽、醋、白糖、盐、芝麻油、植物油各适量

做法

❶ 黑木耳温水泡发,洗净;西蓝花洗净,掰小朵;胡萝卜去皮,洗净,切丝;生抽、醋、白糖、芝麻油、蒜末混合,调成料汁。
❷ 水中加植物油、盐煮沸,分别焯烫黑木耳、西蓝花、胡萝卜丝,捞出过凉水,沥干。
❸ 将食材装盘,淋上料汁拌匀即可。

这么吃更强壮

西蓝花含膳食纤维、维生素C和胡萝卜素等,黑木耳营养丰富,还含有较多的铁。西蓝花和黑木耳搭配食用,可促进铁吸收。

碳水化合物　磷　脂肪酸

松仁玉米

材料

玉米粒150克,青椒1个,胡萝卜1根,松仁5克,盐、植物油各适量

做法

❶ 玉米粒洗净;青椒洗净,切丁;胡萝卜去皮,洗净,切丁。
❷ 油锅烧热,下松仁翻炒片刻,盛出冷却。
❸ 锅中留底油,下玉米粒、青椒丁、胡萝卜丁翻炒,出锅前加盐调味,撒上熟松仁即可。

这么吃更强壮

松仁富含不饱和脂肪酸,如亚油酸、亚麻油酸等,能促进大脑发育;又含磷、铁、钾等营养元素,可强壮孩子的筋骨,消除疲劳。

荷塘小炒

材料

莲藕1小段，胡萝卜半根，黑木耳5朵，荷兰豆50克，盐、干淀粉、植物油各适量

做法

❶ 黑木耳温水泡发，洗净；莲藕洗净，去皮，切片；胡萝卜去皮，洗净，切片；荷兰豆撕去老筋，洗净；干淀粉加适量水、盐调成芡汁。

❷ 藕片、胡萝卜片、黑木耳和荷兰豆焯水，捞出过凉水，沥干。

❸ 油锅烧热，放入所有食材翻炒2分钟，加入芡汁翻炒均匀，待芡汁收浓即可。

这么吃肠胃好

这道菜是素菜中的经典，含有丰富的膳食纤维和维生素等，可以给孩子补充多种营养。

膳食纤维　胡萝卜素　铁

茄汁花菜

材料

花菜1小颗，番茄1个，葱花、蒜片、番茄酱、盐、植物油各适量

做法

❶ 番茄焯水，去皮，切块；花菜洗净，掰小朵，焯熟。

❷ 油锅烧热，爆香葱花、蒜片，加入番茄酱翻炒出香味，放入花菜、番茄块，翻炒至番茄出汁，大火收汁，加盐调味即可。

这么吃更强壮

这道茄汁花菜含碳水化合物、膳食纤维及多种维生素、矿物质，营养丰富，孩子爱吃。

膳食纤维　番茄红素　维生素C

膳食纤维　蛋白质　B族维生素　钙

黑椒杏鲍菇

材料

杏鲍菇1个，黄油15克（橄榄油或其他植物油也可以），黑胡椒粉、盐各适量

做法

❶ 杏鲍菇洗净，切片。

❷ 锅中放入黄油烧至熔化，放入杏鲍菇片，撒少许盐，煎至变软后翻面，煎至杏鲍菇片周围微泛黄关火，撒少许黑胡椒粉即可。

这么吃更强壮

杏鲍菇含膳食纤维、B族维生素以及钙、磷、钾等矿物质，可以提高孩子的免疫力。

蛋白质　膳食纤维　钾

蚝油草菇

材料

草菇200克，葱丝、蚝油、植物油各适量

做法

❶ 草菇洗净，切成两半。

❷ 油锅烧热，爆香葱丝，放入草菇，翻炒至变软。

❸ 加入蚝油，翻炒均匀即可。

这么吃更强壮

菇类含有游离氨基酸，所以味道鲜美，蛋白质含量也略高于普通蔬菜。草菇含有多糖、膳食纤维、钾等营养物质，很适合孩子食用。

酸甜樱桃萝卜

材料

樱桃萝卜300克，蒜末、葱花、醋、盐、白糖、芝麻油各适量

做法

❶ 樱桃萝卜洗净，切片。

❷ 樱桃萝卜片用少许盐腌制1小时，加适量白糖、醋、蒜末拌匀。

❸ 撒少许葱花，淋入芝麻油调味即可。

这么吃肠胃好

醋能刺激胃酸分泌，帮助消化，激起孩子的食欲。因此，用醋凉拌蔬菜，或是用醋腌渍黄瓜、莲藕、苦瓜等，作为餐前开胃小菜再好不过。

烤胡萝卜

材料

胡萝卜500克，橄榄油、盐各适量

做法

❶ 胡萝卜去皮，洗净，切段，如胡萝卜个头小，也可对半切开，加适量橄榄油和少许盐拌匀。

❷ 烤盘里铺锡纸，放上胡萝卜块。

❸ 烤箱预热，用200℃烤约30分钟，至熟软即可，具体时间可根据自家烤箱调整。

这么吃视力好

胡萝卜含有大量胡萝卜素，胡萝卜素可转变成维生素A，有助于保护孩子的视力，增强孩子的免疫力。

五宝蔬菜

材料

土豆半个，胡萝卜半根，荸荠3个，口蘑20克，黑木耳3朵，盐、植物油各适量

做法

❶ 黑木耳温水泡发，洗净；土豆、荸荠去皮，洗净，切片；胡萝卜去皮，洗净，切片；口蘑洗净，切片。

❷ 油锅烧热，先炒胡萝卜片，再放入口蘑片、土豆片、荸荠片、黑木耳翻炒，炒熟后加盐调味即可。

这么吃更聪明

五宝蔬菜颜色搭配非常漂亮，能提高孩子的食欲。同时营养丰富，可以促进孩子身体发育和大脑发育，提高智力。

上汤娃娃菜

材料

娃娃菜1颗，鲜香菇3朵，高汤、盐各适量

做法

❶ 娃娃菜洗净，取菜心；鲜香菇去蒂，洗净，切丁。

❷ 锅中加入高汤煮沸，下入娃娃菜心、香菇丁煮10分钟，加盐调味即可。

这么吃更强壮

娃娃菜中含有膳食纤维、维生素C、胡萝卜素等营养成分。上汤娃娃菜有汤有菜，质地较软，易于咀嚼和消化，非常适合年纪偏小的孩子食用。

吃肉有能量，孩子有精神

鸡蓉干贝

材料

鸡胸脯肉50克，干贝末40克，鸡蛋1个，高汤、盐、芝麻油、植物油各适量

做法

❶ 鸡胸脯肉洗净，切碎，兑入高汤，打入鸡蛋，快速打散，加干贝末、盐拌匀。

❷ 油锅烧热，将以上材料下入，翻炒至鸡蛋凝固成形，淋入芝麻油调味即可。

这么吃更聪明

这道鸡蓉干贝富含蛋白质、锌、硒、卵磷脂等营养素，鸡肉中加入鸡蛋，口感更鲜更嫩。

红烧排骨

材料

排骨500克，葱段、葱花、蒜瓣、姜片、盐、生抽、老抽、料酒、白糖、植物油各适量

做法

❶ 排骨洗净，斩段，汆烫去血水，捞出洗净，沥干。

❷ 油锅烧热，爆香葱段、蒜瓣、姜片，加入排骨翻炒至排骨两面金黄，加入生抽、老抽、料酒翻炒上色。

❸ 锅中加适量水，大火煮沸转小火焖煮，加白糖和盐调味。

❹ 大火收汁，汤汁将收干时关火，撒上葱花即可。

这么吃长得高

排骨除含蛋白质、脂肪、维生素以外，还含磷酸钙、骨胶原等，有利于孩子的骨骼发育。

碳水化合物　蛋白质　B族维生素　锌

珍珠丸子

材料

糯米1小碗，猪肉200克，干淀粉15克，盐、姜末、蚝油、白糖、生抽各适量

做法

❶ 糯米洗净，浸泡一夜，捞出沥干。

❷ 猪肉剁碎，与姜末混合做成肉馅。

❸ 肉馅中加盐、蚝油、白糖、生抽和干淀粉，顺着一个方向搅打后腌制30分钟。

❹ 肉馅捏成肉丸，表面均匀地裹上糯米，放入蒸笼中，加沸水蒸15分钟即可。

这么吃更强壮

珍珠丸子主料为猪肉和糯米，猪肉富含优质蛋白，糯米含有较多的碳水化合物，二者结合在一起制作菜肴不但好看、美味，营养搭配也比较均衡。

蛋白质　锌　铁

叉烧肉

材料

梅花肉500克，蜂蜜、料酒、叉烧酱、姜末、蒜末各适量

做法

❶ 梅花肉洗净，切条，放入料酒、姜末、蒜末和叉烧酱抓匀，放进冰箱冷藏一夜。

❷ 烤箱预热至200℃，将腌好的梅花肉放在烤网上，表面刷一层蜂蜜，烤20分钟。

❸ 翻面刷一层蜂蜜，再烤20分钟。最后在表面再刷一层蜂蜜，烤至上色即可。

这么吃更强壮

梅花肉可提供优质蛋白和脂肪、铁、锌。因叉烧酱含有较多盐分，故烹调时无须再放盐。

菠萝咕咾肉

材料

猪肉100克,蛋液1份,菠萝块50克,青椒块、洋葱块、葱段、姜片、番茄酱、醋、盐、料酒、白糖、干淀粉、五香粉、植物油各适量

做法

❶ 猪肉洗净,切块,加料酒、盐、五香粉腌制10分钟,再加蛋液抓匀,逐片挂干淀粉。

❷ 肉块温油下锅炸至外焦里嫩,捞出控油后复炸一次;青椒块、洋葱块过油。

❸ 番茄酱、醋、盐、料酒、白糖、水、干淀粉调成芡汁。油锅烧热,爆香葱段、姜片,加入芡汁和菠萝块,芡汁糊化后加入肉块,再加入青椒块、洋葱块,翻炒均匀即可。

这么吃更强壮

菠萝是盛夏消暑、解渴的健康水果。它含有菠萝蛋白酶,有帮助消化蛋白质、利尿等功效。

莲藕炖鸡

材料

仔鸡1只,莲藕30克,盐、葱花、姜片各适量

做法

❶ 莲藕洗净,切块;仔鸡去内脏,洗净,汆水,捞出剁块。

❷ 锅中加适量水,放入鸡块,大火煮沸,撇去浮沫,加姜片、莲藕块,中火炖至鸡肉软烂,加盐调味,盛出撒上葱花即可。

这么吃更强壮

鸡肉可以提供丰富的优质蛋白;莲藕富含碳水化合物、钾等营养素,与鸡肉一起炖煮,营养美味。

蛋白质　铁　锌

板栗烧牛肉

材料

牛肉150克，板栗6个，姜片、葱段、盐、植物油各适量

做法

❶ 牛肉洗净，切块，氽水，捞出沥干；板栗去壳；油锅烧热，下板栗炸2分钟，再将牛肉块炸一下，捞出沥油。

❷ 锅中留底油，爆香葱段、姜片，再下牛肉块翻炒片刻，加适量水和盐。

❸ 煮至沸腾，撇去浮沫，小火炖至牛肉将熟时下板栗，待牛肉块熟烂、板栗绵软时收汁即可。

这么吃更强壮

牛肉脂肪含量较低，可以给孩子提供优质蛋白。配以板栗，既营养又美味。

蛋白质　维生素C　铁

下饭蒜焖鸡

材料

鸡块150克，黄甜椒、红甜椒各1个，蒜瓣、植物油、海鲜酱、蚝油、白糖各适量

做法

❶ 鸡块洗净，用蚝油腌制20分钟；黄甜椒、红甜椒洗净，切块。

❷ 油锅烧热，放入鸡块，小火煸炒至出油。

❸ 加蒜瓣炒至变色，加入海鲜酱、白糖，炒至鸡块上色；加水没过鸡块，大火煮沸，小火收汁，加甜椒块翻炒均匀即可。

这么吃更强壮

鸡肉含有丰富的优质蛋白，还含有一定量的铁、锌；甜椒含有丰富的维生素C，能促进铁的吸收。

黑椒鸡腿

材料

去骨鸡腿4个，洋葱丁10克，葱花、姜片、蒜片、黑胡椒粉、生抽、盐各适量

做法

❶ 去骨鸡腿洗净，用葱花、姜片、蒜片、生抽腌制15分钟。

❷ 将去骨鸡腿表面水分擦干，鸡皮向下放入无油热锅，小火煎至金黄色，翻面煎至变色，加入黑胡椒粉和盐，利用鸡油炒香。

❸ 加适量水，大火煮沸，中火炖煮，放入洋葱丁，收汁关火，盛出切条即可。

这么吃精力足

鸡腿含有优质蛋白、铁、锌等，给孩子提供能量的同时减少脂肪的摄入。黑胡椒粉有辛辣味，要根据孩子的口味调整用量。

猪肉焖扁豆

材料

猪瘦肉50克，扁豆100克，胡萝卜1/4根，植物油、盐各适量

做法

❶ 猪瘦肉洗净，切片；扁豆洗净，切段；胡萝卜去皮，洗净，切片。

❷ 油锅烧热，放入肉片炒散后，将扁豆段、胡萝卜片放入继续翻炒。

❸ 加适量水和盐，转中火焖至扁豆熟透即可。

这么吃肠胃好

猪肉含有优质蛋白、铁、锌、维生素A等营养素；扁豆含胡萝卜素及多种矿物质。猪肉有利于增加扁豆的香味，让孩子爱上吃蔬菜。

蛋白质　铁　锌

萝卜红烧肉

材料

五花肉400克,萝卜块、八角、桂皮、姜片、葱段、冰糖、料酒、老抽、生抽、盐、植物油各适量

做法

❶ 用适量凉水及料酒,浸泡五花肉15分钟,然后放入开水锅中氽烫,捞出晾凉后切块。

❷ 油锅烧热,放入五花肉块,小火煸炒至肉块变色出油,盛出。

❸ 油锅加冰糖,小火炒至糖色变深,加入五花肉块翻炒,再加料酒、生抽、老抽翻炒,加适量水,大火煮沸撇去浮沫,放姜片、葱段、八角、桂皮,小火炖40分钟,加入萝卜块,炖至萝卜软熟,转大火收汁,加盐调味即可。

这么吃更强壮

猪肉提供优质蛋白、丰富的锌、铁,还能给孩子满满能量,上课不犯困。

蛋白质　铁　卵磷脂　维生素A

太阳肉

材料

猪肉馅100克,鸡蛋1个,青菜、葱、生姜、芝麻油、生抽、盐、白糖、料酒各适量

做法

❶ 葱、生姜洗净,切末,加适量水浸泡10分钟制成葱姜水,加入猪肉馅中拌匀;青菜洗净,焯熟。

❷ 猪肉馅中加生抽、盐、芝麻油、白糖、料酒,顺一个方向搅打至肉上劲,将肉馅在碗中铺平,中间用勺子压一个小凹窝。

❸ 鸡蛋打入凹窝内,放入蒸锅,大火煮沸,转中火蒸20分钟至肉馅熟透,加上青菜即可。

这么吃更强壮

蛋黄中含有较多卵磷脂、维生素A;猪肉中则含血红素铁、锌等矿物质,可为孩子提供多样的营养。

糖醋里脊

材料

猪里脊肉200克，蛋清、干淀粉、水淀粉、姜丝、白糖、白胡椒粉、盐、番茄酱、熟芝麻、料酒、植物油各适量

做法

❶ 猪里脊肉洗净，切条，加蛋清、白胡椒粉、料酒、姜丝、盐拌匀，腌制20分钟，挂干淀粉。
❷ 油锅烧至六成热转中小火，放入肉条炸约1分钟，捞出沥油。再开大火将油烧至八九成热，复炸肉条，肉条泛金黄色，捞出沥油。
❸ 油锅烧热，加入适量番茄酱、白糖、水煮沸，再加水淀粉，汤汁浓稠后加入里脊肉翻炒，撒上熟芝麻即可。

这么吃更强壮

猪里脊含蛋白质、铁和锌等营养素，为孩子提供生长发育必不可少的营养物质。

粉蒸排骨

材料

排骨500克，南瓜1块，蒸肉米粉100克，姜丝、老抽、生抽、料酒、蚝油、白胡椒粉、白糖、高汤、葱花各适量

做法

❶ 排骨洗净，斩段，氽烫去血水，捞出洗净，沥干，加白糖、生抽、老抽、姜丝、白胡椒粉、蚝油、料酒拌匀，腌制30分钟，再加蒸肉米粉和少许高汤拌匀。
❷ 南瓜去皮，洗净，切片，铺盘，上面放排骨。
❸ 蒸锅加适量水，放入排骨，大火煮沸转中火蒸1小时，撒上葱花即可。

这么吃更强壮

排骨含有较多的优质蛋白和脂肪；米粉富含碳水化合物。米粉可以吸收排骨中的一部分脂肪，变得浓香，同时减少排骨的油腻感。

蛋白质　维生素A

酱烤鸡翅

材料

鸡翅9个，烤肉酱1包，葱花、姜末、蒜末、生抽、老抽、料酒、蜂蜜各适量

做法

❶ 鸡翅洗净，沥干，用牙签在表面扎几下；加入烤肉酱、生抽、老抽、料酒、蜂蜜、葱花、姜末、蒜末拌匀，腌制30分钟。
❷ 烤盘上铺锡纸，将鸡翅放在锡纸上。
❸ 烤箱预热至200℃，将鸡翅放在烤箱中层烤10分钟，刷一层烤肉酱后再烤10~15分钟至鸡翅表面焦黄即可。

这么吃视力好

鸡翅含大量蛋白质、维生素A，对孩子的视力及骨骼的发育有促进作用。感冒发热、肥胖的孩子不建议多吃。

碳水化合物　蛋白质　维生素A

可乐鸡翅

材料

鸡翅500克，可乐半罐，白芝麻、葱段、姜片、盐、生抽、料酒、植物油各适量

做法

❶ 鸡翅洗净，汆烫去腥。
❷ 油锅烧热，放入鸡翅，煎至两面泛黄；放入葱段、姜片、料酒翻炒，加入半罐可乐，再加入生抽和少许盐翻炒均匀。
❸ 大火煮沸，转小火焖煮20分钟左右，再开大火收汁至浓稠但不干锅的状态，出锅撒上白芝麻即可。

这么吃精力足

可乐鸡翅味道鲜美、色泽艳丽、鸡肉嫩滑、咸甜适中，可温中益气、补精添髓，增强孩子的体力。

翡翠鸡蓉

材料

鸡胸脯肉50克，青菜1颗，蛋清、水淀粉、葱、生姜、盐、高汤各适量

做法

❶ 青菜洗净，切末；鸡胸脯肉洗净，剁鸡肉蓉；葱、生姜切末，泡少许水制成葱姜水。将葱姜水、蛋清加入鸡肉蓉中，顺一个方向搅拌上劲。

❷ 高汤煮沸，加青菜末煮沸，加入水淀粉勾芡，加少许盐调味，盛出菜汤。

❸ 锅中加水煮沸，放入鸡肉蓉，大火煮至鸡肉蓉浮起，转小火煮鸡肉蓉至熟，捞出放入菜汤中即可。

这么吃更强壮

鸡肉蛋白质含量高，脂肪含量低，并且还有一部分是不饱和脂肪酸，营养价值高，且容易被孩子吸收。

豆腐泡酿肉

材料

豆腐泡6个，胡萝卜1/4根，猪肉馅150克，葱花、葱段、姜片、姜末、料酒、生抽、植物油、水淀粉、高汤各适量

做法

❶ 胡萝卜去皮，洗净，切碎，放入猪肉馅，加葱花、姜末、料酒、生抽拌匀。

❷ 用筷子将豆腐泡戳出一个洞，稍微搅几下，洞里塞入拌好的肉馅。

❸ 油锅烧热，爆香葱段、姜片，放入豆腐泡稍煎，加适量高汤，大火煮沸转小火炖煮，炖熟后收干汤汁，淋水淀粉勾薄芡即可。

这么吃更强壮

豆腐泡加猪肉，植物蛋白和动物蛋白的完美结合，可以为孩子提供充足的优质蛋白和铁，孩子吃了身体壮。

鱼和虾，一周吃2次或3次

蛋白质　DHA

香煎三文鱼

材料

三文鱼50克，姜末、盐、植物油各适量

做法

❶ 三文鱼处理干净，用姜末、盐腌制。

❷ 热锅倒油，放入腌制入味的三文鱼，两面煎熟即可。

这么吃更聪明

三文鱼富含蛋白质、DHA，是补充DHA的良好食材，可为孩子的大脑和视力发育提供营养。

蛋白质　钙　锌

茄汁大虾

材料

对虾200克，番茄酱20克，盐、白糖、面粉、水淀粉、植物油各适量

做法

❶ 对虾去虾须、虾线，洗净，加盐抓匀，再放入面粉抓匀。

❷ 油锅烧热，放入对虾，中火炸至金黄，捞起。

❸ 锅中留底油，放入番茄酱、白糖、盐、水淀粉和少量水，烧成稠汁；将对虾放入锅中，小火翻炒均匀，大火收汁即可。

这么吃更聪明

对虾肉质细嫩、味道鲜美，含有多种人体必需的微量元素，如铁、锌、硒，同时也是蛋白质含量较高的水产品。

番茄鱼

材料

去骨鱼块1块，番茄1个，葱花、蒜末、白糖、水淀粉、植物油、盐各适量

做法

❶ 番茄焯水，去皮，切块；鱼块洗净，切小片。

❷ 油锅烧热，爆香葱花、蒜末，再加入番茄块和白糖煸炒。

❸ 至番茄变软时加适量水，大火煮沸后放入鱼块，用中火煮沸，加盐调味。

❹ 鱼块变色后，调入水淀粉，开大火，汤汁收至黏稠时关火即可。

这么吃更聪明

番茄含有维生素、番茄红素和矿物质；鱼肉含有蛋白质、不饱和脂肪酸。两者结合，营养又美味。

蛋白质　不饱和脂肪酸　番茄红素

蒜香龙利鱼

材料

龙利鱼1条，豌豆、蒜末、生抽、蚝油、橄榄油、黑胡椒粉、干淀粉各适量

做法

❶ 龙利鱼洗净，斜切段；豌豆洗净，炸熟。

❷ 龙利鱼加入生抽、蚝油、橄榄油、黑胡椒粉调成的汁中，加干淀粉，腌制20分钟。

❸ 油锅烧热，爆香蒜末，加入龙利鱼，煎至两面金黄捞出，撒上豌豆即可。

这么吃更聪明

龙利鱼含有丰富的不饱和脂肪酸、蛋白质，非常容易被消化，还可以有效补充维生素A、B族维生素和锌。龙利鱼刺少，很适合孩子食用。

蛋白质　DHA　锌

蛋白质　维生素A　B族维生素　钙

清蒸鲈鱼

材料

鲈鱼1条，香菇片、葱丝、姜丝、料酒、白胡椒粉、蒸鱼豉油、盐、植物油各适量

做法

❶ 鲈鱼洗净，在鱼身上划几刀，抹料酒、盐、白胡椒粉，腌制15分钟；香菇片铺在鱼身下，葱丝、姜丝铺满鱼身，鱼肚和鱼嘴也塞点。
❷ 蒸锅水沸，放入鲈鱼，中大火蒸6~7分钟后关火，利用锅中余温蒸5~8分钟，出锅后倒掉蒸鱼的水。
❸ 蒸鱼豉油加适量水，煮沸成料汁；另起油锅烧热，将热油、料汁先后淋在鱼身上。

这么吃更聪明

鲈鱼富含蛋白质、维生素A、B族维生素、钙、镁、锌、硒、DHA等营养元素，对孩子的脑部发育、脾胃健康、视力有很大好处。

蛋白质　DHA　硒

香酥带鱼

材料

带鱼1条，红甜椒50克，蒜瓣、葱段、盐、植物油、白糖各适量

做法

❶ 带鱼处理干净，切段，用白糖、盐腌制40分钟；红甜椒洗净，切块。
❷ 热锅倒油，放入带鱼段，鱼皮微皱时翻面，煎至两面金黄盛出。
❸ 锅中留底油，下红甜椒块、蒜瓣、葱段、煎好的带鱼段翻炒均匀，加盐调味即可。

这么吃更聪明

带鱼富含优质蛋白，还含有丰富的DHA、硒，有利于孩子大脑的发育。

鲜虾球

蛋白质　钙　磷　铁

材料

虾仁250克，青菜1颗，干淀粉、料酒、蛋清、盐、白胡椒粉、姜汁各适量

做法

❶ 青菜洗净，焯熟，盛出。

❷ 虾仁洗净，剁泥，加干淀粉、料酒、蛋清、盐、白胡椒粉、姜汁拌匀，至虾肉泥变黏。

❸ 取虾肉泥制成虾球。

❹ 虾球放入蒸锅，水沸后蒸8~10分钟，关火后再闷2分钟，装盘，和青菜摆出花朵造型即可。

这么吃更聪明

虾含有丰富的蛋白质和矿物质，如钙、磷、铁、硒等，营养价值很高，对孩子的健康成长很有益处。

香菇蒸鳕鱼

蛋白质　不饱和脂肪酸　钙

材料

鳕鱼2块，鲜香菇2朵，红辣椒碎、葱花、料酒、蒸鱼豉油、白糖、盐各适量

做法

❶ 鳕鱼洗净，加料酒和盐腌制10分钟；鲜香菇去蒂，洗净，切片，铺在鳕鱼块上。

❷ 蒸鱼豉油加少许白糖，制成调味汁，将调味汁淋在鳕鱼块上。

❸ 鳕鱼块放入蒸锅，大火蒸7分钟，关火后撒红辣椒碎和葱花，加盖再闷3分钟即可。

这么吃更聪明

鳕鱼含有丰富的蛋白质、不饱和脂肪酸，可以为孩子补充优质蛋白。香菇蒸鳕鱼可适当加入青菜，均衡营养。

蛋白质　钙　磷　钾

滑蛋虾仁

材料

虾仁100克，鸡蛋2个，植物油、料酒、葱、姜、盐、白胡椒粉、水淀粉、玉米淀粉各适量

做法

❶ 虾仁洗净；鸡蛋分离出蛋清和蛋黄。

❷ 虾仁加盐、料酒、白胡椒粉、蛋清、玉米淀粉拌匀；蛋黄加水淀粉拌匀。

❸ 油锅烧热，爆香葱、姜，放入虾仁，滑散后捞出；另起油锅烧热，加蛋黄液，待蛋液稍凝固时加入虾仁，将蛋炒散；蛋液凝固关火装盘即可。

这么吃更聪明

虾肉味道鲜美、营养丰富，钙、磷、钾含量都很高，孩子常吃有补钙健脑的功效。

蛋白质　钙　磷　镁

椒盐虾

材料

鲜虾250克，青椒碎、红椒碎、蒜末、椒盐、料酒、干淀粉、植物油各适量

做法

❶ 鲜虾去虾须、虾线，洗净，沥干，加料酒、干淀粉拌匀。

❷ 油锅烧至四成热，放入蒜末，小火炸至金黄，捞出；另起油锅烧至七成热，放虾炸约2分钟，至虾身变成橙红色，捞出沥油。

❸ 炸虾放入炸蒜末油锅，撒上椒盐、炸好的蒜末和青、红椒碎，翻炒均匀盛出即可。

这么吃更聪明

虾是非常适合孩子食用的优质蛋白食物。虾可以蒸、煮、炒、炸、烤等，炸虾脂肪较多，需要控制体重的孩子应少吃。

家常烧鲳鱼

材料
鲳鱼1条,黑木耳10朵,红甜椒碎、葱花、姜末、生抽、料酒、盐、醋、白糖、植物油各适量

做法
❶ 黑木耳温水泡发,洗净;鲳鱼洗净,在鱼身上划几刀,抹少许盐和料酒腌制10分钟。
❷ 油锅烧热,放入鲳鱼煎至两面金黄后盛出。
❸ 另起油锅烧热,爆香葱花、姜末,加料酒、生抽、白糖、醋、盐和少许水煮沸;放入黑木耳和鲳鱼,大火煮沸,转小火煮15分钟,汤汁收浓后撒葱花和红甜椒碎即可。

这么吃更强壮
鲳鱼富含蛋白质、不饱和脂肪酸和多种微量元素,可以为孩子补充优质蛋白,是可以经常给孩子食用的海产品。

蛋白质　不饱和脂肪酸　铁

清烧鳕鱼

材料
鳕鱼肉80克,姜末、葱花、盐、植物油各适量

做法
❶ 鳕鱼肉洗净,切块,加姜末腌制。
❷ 油锅烧热,放入鳕鱼块稍煎片刻,加盐和适量水,加盖煮熟,撒上葱花即可。

这么吃更聪明
鳕鱼含有丰富的卵磷脂,可增强孩子的记忆、思维和分析能力。鳕鱼还提供优质蛋白、钙、不饱和脂肪酸和维生素A,对孩子大脑和眼睛的正常发育很有帮助。

蛋白质　卵磷脂　钙　维生素A

蛋白质　维生素C　胡萝卜素

彩椒三文鱼串

材料

三文鱼150克，青椒、黄甜椒、红甜椒各半个，柠檬汁、黑胡椒粉、蜂蜜、盐、橄榄油各适量

做法

❶ 三文鱼洗净，沥干，切块；青椒和红、黄甜椒洗净，切块。

❷ 三文鱼块加柠檬汁、少许盐、蜂蜜腌制15分钟。

❸ 用竹签将三文鱼块、青椒块和甜椒块依次间隔着串好。

❹ 油锅烧热，放入三文鱼串，煎炸至三文鱼变色，撒上黑胡椒粉即可。

这么吃更聪明

彩虹一样的三文鱼串，有鲜艳的颜色，不怕孩子不喜欢。有鱼有菜，营养满满。

蛋白质　钙　磷

清炒蛤蜊

材料

蛤蜊200克，红甜椒、黄甜椒各半个，高汤、蒜末、盐、植物油各适量

做法

❶ 蛤蜊放入淡盐水中吐沙2小时，洗净；红甜椒和黄甜椒洗净，切块。

❷ 油锅烧热，爆香蒜末、红甜椒块和黄甜椒块，放入蛤蜊，翻炒均匀，加适量高汤，大火煮至蛤蜊张开壳，加盐调味即可。

这么吃更聪明

蛤蜊营养价值很高，含蛋白质、磷、钙、铁等营养成分，可以强健脾胃，增进孩子的食欲。

豆豉鱿鱼

蛋白质　钙　硒　锌

材料

鱿鱼肉1段，青椒、红甜椒各半个，豆豉酱、葱段、姜片、蒜片、植物油、盐各适量

做法

❶ 鱿鱼肉处理干净，内层切花刀，切片；青椒、红甜椒洗净，切块。

❷ 鱿鱼片汆烫至变白并卷起，捞出沥干。

❸ 油锅烧热，爆香葱段、姜片、蒜片，加入豆豉酱翻炒均匀，放入青椒块、红甜椒块、鱿鱼片，大火翻炒至变色，加盐调味即可。

这么吃更聪明

鱿鱼含蛋白质、DHA和钙、锌、硒等营养元素，有利于孩子脑部、骨骼发育。因豆豉酱含盐量较高，故这道菜不宜多放盐。

青菜豆腐鱼片汤

蛋白质　矿物质　维生素　硒

材料

青菜50克，鱼肉100克，高汤、豆腐、盐各适量

做法

❶ 青菜洗净，切段；鱼肉洗净，去刺，切片；豆腐洗净，切片。

❷ 锅中加入高汤，放入青菜煮沸，加入鱼肉片、豆腐片，汤沸后加盐稍煮即可。

这么吃更强壮

鱼肉含有丰富的蛋白质、矿物质和维生素，有很好的补益作用；其含有的微量元素硒，能清除代谢产生的自由基，提高孩子的抵抗力。

简单晚餐，少油、少盐

第6章

健康晚餐：
无负担、不长胖

粗细粮搭配，给肠道添"动力"

碳水化合物 | 膳食纤维 | 钾 | B族维生素

山药百合黑米粥

材料
大米30克，黑米10克，山药20克，干百合适量

做法
❶ 大米、黑米洗净，浸泡2小时；山药去皮，洗净，切丁；干百合洗净，泡发，掰小瓣。
❷ 锅中加适量水，放大米、黑米，煮成粥，再放山药丁、百合瓣，熬煮至熟即可。

这么吃肠胃好

黑米属于杂粮，富含膳食纤维，和大米、山药同煮，营养丰富。家长应注意把黑米煮烂。

碳水化合物 | 膳食纤维

玉米饭

材料
玉米粒50克，大米100克

做法
❶ 大米洗净；玉米洗净，浸泡6小时。
❷ 大米和玉米粒放入电饭锅中，加适量水，按下煮饭键，煮熟即可。

这么吃肠胃好

玉米饭营养丰富，含有大量的膳食纤维和碳水化合物，可促进肠道蠕动、改善便秘症状，还能增加饱腹感。

紫薯包

材料
杂粮面粉200克，紫薯400克，酵母3克，白糖适量

做法
❶ 紫薯蒸熟，去皮，捣成紫薯泥。

❷ 酵母加温水调开，加入杂粮面粉，搅拌成块，加入紫薯泥和白糖拌匀。

❸ 揉搓成光滑的面团，放入发酵碗，当面团发至两倍大时，切开面团制作紫薯包；将紫薯包放入蒸笼蒸熟即可。

这么吃更强壮

紫薯除了具有普通红薯的营养成分外，还富含硒和花青素。花青素具有抗氧化作用，可提高孩子的抵抗力。

碳水化合物　膳食纤维　硒　花青素

豌豆粥

材料
大米40克，豌豆15克

做法
❶ 大米洗净；豌豆洗净，浸泡30分钟。

❷ 大米、豌豆放入锅中，加适量水，大火煮沸，转小火慢煮至熟烂即可。

这么吃更聪明

豌豆含铜、硒等微量元素较多，铜有利于造血以及骨骼和大脑的发育。豌豆还含维生素C，可以提高孩子的免疫力。

碳水化合物　铜　硒　维生素C

板栗粥

材料

板栗5个，大米50克

做法

❶ 板栗去壳去皮，洗净，煮熟，切碎；大米洗净。

❷ 锅中放入适量水，加入大米，小火煮成粥，再加入板栗碎同煮5分钟即可。

这么吃更强壮

板栗含有蛋白质、B族维生素、锌等营养成分。板栗粥可预防感冒，促进钙、铁的吸收。

黄豆芝麻粥

材料

大米50克，黄豆20克，黑芝麻10克

做法

❶ 黄豆洗净，浸泡6小时；大米洗净。

❷ 大米、黄豆放入锅中，加适量水煮粥，煮至黄豆软烂，再加入黑芝麻拌匀即可。

这么吃更强壮

黄豆富含植物蛋白、B族维生素，有"植物肉"的美称，能促进孩子的神经发育，增强孩子神经机能和活力，让孩子更强壮。

土豆粥

材料

大米50克，青菜2颗，土豆半个，猪肉末30克，盐适量

做法

❶ 青菜洗净，切碎；土豆去皮，洗净，切小块，煮烂，捣成泥；大米洗净。

❷ 锅中加适量水，放入大米煮粥；粥将熟时，放入土豆泥、猪肉末；煮至粥熟，放青菜碎、盐稍煮即可。

这么吃更强壮

土豆粥食材丰富，含有碳水化合物、蛋白质、钾、铁、镁、膳食纤维等营养物质，给孩子当晚餐食用，易消化。

碳水化合物　蛋白质　铁　钾

燕麦南瓜粥

材料

燕麦30克，大米、南瓜各50克

做法

❶ 燕麦洗净，浸泡30分钟；大米洗净；南瓜洗净，去皮，切块。

❷ 大米放入锅中，加适量水煮成粥，放入南瓜块，小火煮10分钟，再加入燕麦，继续小火煮10分钟即可。

这么吃肠胃好

燕麦富含磷、铁、钙、B族维生素等营养素，还含人体必需的多种氨基酸，在调理消化道功能方面功效卓著，特别适合便秘的孩子食用。

碳水化合物　蛋白质　钙　磷

紫菜芋头粥

材料

紫菜10克,银鱼20克,大米30克,芋头2个,青菜2颗,盐适量

做法

❶ 青菜洗净,切丝;紫菜撕碎;银鱼洗净,切末;芋头煮熟,去皮,捣成芋头泥。

❷ 大米洗净,放入锅中加适量水,煮至黏稠,加入紫菜碎、银鱼末、芋头泥、青菜丝、盐稍煮即可。

这么吃更强壮

这款粥食材丰富,有提供碳水化合物的植物性食物,如大米、芋头;也有含蛋白质丰富的动物性食物,如银鱼;还添加了膳食纤维丰富的紫菜和青菜。营养多样,味道鲜美。

鸡肝绿豆粥

材料

鸡肝15克,绿豆10克,大米30克,盐适量

做法

❶ 鸡肝浸泡,洗净,氽水,切碎;绿豆洗净,浸泡6小时;大米洗净。

❷ 大米、绿豆放入锅中,加适量水,大火煮沸,放入鸡肝,同煮至熟后加盐即可。

这么吃视力好

鸡肝富含维生素A和铁、锌、硒,而且鲜嫩可口,与绿豆、大米同煮,不但可以预防孩子贫血,还能为孩子的视力发育提供良好的帮助。

薏米红豆粥

材料

红豆40克，薏米50克，大米20克

做法

❶ 薏米洗净，浸泡30分钟；红豆洗净，浸泡6小时；大米洗净。

❷ 薏米、红豆、大米放入锅中，加适量水煮成粥即可。

这么吃肠胃好

红豆富含硫胺素、核黄素及多种矿物质，有利水、消肿、健脾胃之功效，适合脾胃虚弱的孩子食用。

扁豆薏米山药粥

材料

扁豆、薏米、绿豆、山药各30克

做法

❶ 扁豆、绿豆分别洗净，浸泡6小时；薏米洗净，浸泡30分钟；山药去皮，洗净，切块。

❷ 扁豆、薏米、绿豆、山药入锅，加适量的水煮成稀粥即可。

这么吃肠胃好

扁豆薏米山药粥含有多种维生素和矿物质，有减少肠胃负担的作用，可作为肠胃娇弱的孩子的补益食品。

碳水化合物 钙 铁 磷

核桃粥

材料

核桃仁、红枣、花生仁、黑豆、大米各适量

做法

❶ 核桃仁浸泡30分钟；红枣洗净，去核，切片；花生仁、黑豆分别洗净，浸泡6小时；大米洗净。

❷ 将大米、黑豆、花生仁放入锅中，加适量水，大火煮沸转小火；放入核桃仁、红枣煮至软烂即可。

这么吃更聪明

核桃含有人体必需的钙、磷、铁等多种营养元素，其所含的不饱和脂肪酸可健脑，提高记忆力。

碳水化合物 磷 铁 钙

小麦红枣粥

材料

小麦、糯米各50克，红枣6颗

做法

❶ 小麦、糯米、红枣分别洗净，红枣去核。

❷ 所有材料放入锅中，加适量水，大火煮沸转小火熬成粥即可。

这么吃肠胃好

小麦、糯米、红枣三者熬成粥，可以起到养胃健脾的功效，作为孩子的早餐或晚餐，还可以提高免疫力。

紫米粥

碳水化合物　锌　铁　叶酸

材料

紫米50克，冰糖适量

做法

❶ 紫米洗净。

❷ 紫米放入锅中，加适量水，大火煮沸转小火煮至紫米糯软，出锅前加入少许冰糖，煮至溶化即可。

这么吃更聪明

紫米富含碳水化合物、膳食纤维、铁、锌、叶酸等，其中叶酸对孩子的神经细胞与脑细胞发育均有促进作用。

黑米馒头

碳水化合物　矿物质　B族维生素

材料

面粉100克，黑米粉200克，酵母适量

做法

❶ 面粉和黑米粉混合，将酵母放入300毫升水中至完全溶解，加入混合粉中，和成面团。

❷ 待面团发酵后，制成馒头状，入蒸锅蒸熟即可。

这么吃肠胃好

黑米含碳水化合物、B族维生素、钙、磷、钾、镁、铁、锌等营养元素。将黑米打成粉后与面粉搭配做成馒头食用，可促进孩子肠胃蠕动，帮助消化。

蛋白质 钙

鸡蓉豆腐球

材料
鸡腿肉30克, 豆腐50克, 胡萝卜末、盐各适量

做法
❶ 鸡腿肉、豆腐分别洗净, 剁泥, 与胡萝卜末、盐混合拌匀。
❷ 将鸡蓉豆腐泥捏成小球, 放入锅中, 隔水蒸20分钟即可。

这么吃长得高
鸡肉中含有丰富的蛋白质, 有利于孩子生长发育; 豆腐是补钙的良好食材, 有利于孩子骨骼和牙齿的发育。

蛋白质 胡萝卜素

胡萝卜炖牛肉

材料
牛里脊肉250克, 胡萝卜1根, 葱段、姜片、料酒、生抽、盐、植物油各适量

做法
❶ 牛里脊肉洗净, 切块; 胡萝卜去皮, 洗净, 切块。
❷ 油锅烧热, 爆香葱段、姜片, 先放入牛肉块煸炒, 再放入料酒、生抽及适量水, 大火煮沸。
❸ 转小火炖至牛肉八成熟, 放入胡萝卜块炖熟, 出锅前加盐调味即可。

这么吃更强壮
牛肉富含蛋白质, 能提高孩子抗病能力, 具有健脾养胃、强筋壮骨的作用。

番茄土豆炖牛腩

材料

牛腩250克,番茄、土豆各1个,洋葱、姜片、葱花、蒜片、八角、生抽、冰糖、盐、植物油各适量

做法

❶ 牛腩洗净,切块;土豆去皮,洗净,切块;番茄焯水,去皮,切块;洋葱去皮,洗净,切丁。
❷ 油锅烧热,加入土豆块煎至两面金黄,捞出。
❸ 爆香姜片、洋葱丁、葱花、蒜片,放入牛肉块翻炒至变色,放入番茄块、生抽、冰糖、八角,加水没过肉,炖煮1小时。
❹ 加入土豆块,继续炖煮15分钟,加盐收汁即可。

这么吃肠胃好

番茄中含有较多果酸,与牛肉同炖有利于软化肌肉纤维,便于孩子咀嚼消化。

碳水化合物 蛋白质 胡萝卜素

秋葵拌鸡肉

材料

秋葵2根,鸡胸脯肉50克,圣女果5个,芝麻油、盐各适量

做法

❶ 秋葵、鸡胸脯肉、圣女果分别洗净。
❷ 秋葵焯熟,捞出沥干;鸡胸脯肉汆水,捞出沥干。
❸ 圣女果切块;秋葵去蒂,切段;鸡胸脯肉切块。
❹ 将切好的秋葵、鸡胸脯肉和圣女果放入盘中,加盐、芝麻油调味即可。

这么吃更强壮

秋葵含有钙、膳食纤维等,与鸡肉、圣女果搭配做成秋葵拌鸡肉,荤素搭配,营养更丰富。

蛋白质 膳食纤维 钙 胡萝卜素

蛋白质　膳食纤维　钙　铁

白菜肉丸子

材料

小白菜100克，猪肉末200克，蛋清、姜末、葱花、生抽、白胡椒粉、芝麻油、盐各适量

做法

❶ 小白菜洗净，切段。

❷ 猪肉末加蛋清、姜末、葱花、盐、生抽、白胡椒粉，顺时针拌匀成肉馅。

❸ 将肉馅做成一个个丸子。

❹ 锅中加适量水煮沸，放入丸子，再次煮沸后撇去浮沫，放入小白菜段煮熟，加盐、芝麻油调味即可。

这么吃更强壮

这道菜应选用肥瘦相间的猪肉末，而白菜可以去猪肉的肥腻，使汤的口感更清香。

蛋白质　铁　锌　维生素C

百合炒牛肉

材料

牛肉50克，鲜百合10片，黄甜椒块、红甜椒块、盐、生抽、植物油各适量

做法

❶ 鲜百合去残瓣，掰小瓣，洗净；牛肉洗净，切片，加生抽抓匀，腌制20分钟。

❷ 油锅烧热，加入牛肉片，大火快炒，加入甜椒块、百合片，翻炒至牛肉全部变色，加盐调味即可。

这么吃更强壮

百合含有丰富的碳水化合物、钾、镁等营养素；牛肉富含蛋白质、铁、锌等营养素，是给孩子补铁、补锌的好食材。

虾仁西蓝花

蛋白质　钙　铁　维生素C　胡萝卜素

材料

西蓝花、虾仁各50克，红甜椒、鸡蛋各1个，植物油、盐各适量

做法

❶ 鸡蛋取蛋清；虾仁洗净，裹上蛋清；西蓝花洗净，掰小朵，焯熟；红甜椒洗净，切块。

❷ 油锅烧热，加入西蓝花、红甜椒翻炒均匀，加入裹好蛋清的虾仁炒熟，加盐调味即可。

这么吃长得高

虾仁富含优质蛋白、钙、铁等；西蓝花含有丰富的胡萝卜素、维生素C、钙、膳食纤维等。虾仁、西蓝花都可以作为孩子的补钙食材。

芦笋烧鸡块

蛋白质　膳食纤维　B族维生素

材料

芦笋100克，鸡胸脯肉50克，红甜椒丝、蒜末、盐、植物油各适量

做法

❶ 芦笋洗净，切段，焯水；鸡胸脯肉洗净，切块。

❷ 油锅烧热，爆香蒜末，加入鸡块翻炒至变色。

❸ 加入芦笋段、红甜椒丝翻炒片刻，加1小碗水和适量盐，煮沸后收汁即可。

这么吃更强壮

鸡肉蛋白质含量丰富，脂肪含量低；芦笋中含有叶酸、硒和一定量的膳食纤维等，对孩子健康十分有益。

蛋白质　膳食纤维　维生素C　胡萝卜素

时蔬鱼丸

材料

鱼丸6个，洋葱半个，胡萝卜半根，西蓝花1小颗，盐、生抽、植物油各适量

做法

❶ 洋葱、胡萝卜分别去皮，洗净，切丁；西蓝花洗净，掰小朵。

❷ 油锅烧热，加入洋葱丁、胡萝卜丁，翻炒至熟，加水煮沸，放入鱼丸、西蓝花，煮熟后加盐、生抽调味即可。

这么吃更强壮

鱼丸富含蛋白质；西蓝花含有丰富的胡萝卜素、维生素C与膳食纤维等。维生素C有利于增强孩子抵抗力，丰富的膳食纤维有利于促进肠道蠕动，预防便秘。

蛋白质　膳食纤维　钙

虾仁炒春笋

材料

虾仁、春笋各50克，鲜香菇2朵，植物油、葱花、盐各适量

做法

❶ 鲜香菇去蒂，洗净，切丁；春笋去皮，洗净，切片；虾仁洗净。

❷ 锅中加适量水煮沸，放入虾仁、春笋片煮熟，沥干。

❸ 油锅烧热，爆香葱花，放入春笋片、香菇丁、虾仁翻炒，加盐调味即可。

这么吃肠胃好

春笋中膳食纤维比较丰富，可预防孩子便秘；虾仁中含有丰富的蛋白质和钙，荤素搭配食用，营养互补。

洋葱炒鱿鱼

材料

鲜鱿鱼1条，洋葱100克，青椒、红甜椒、黄甜椒、盐、植物油各适量

做法

❶ 鲜鱿鱼洗净，切条，氽烫捞出；洋葱去皮，洗净，切块；青椒、红甜椒、黄甜椒洗净，切块。

❷ 油锅烧热，爆香洋葱段、青椒，再放入鲜鱿鱼条炒熟，加盐调味即可。

这么吃更强壮

这道菜含有维生素A、钙、蛋白质、维生素C等营养素，健脾开胃，能促进孩子的生长发育。

蛋白质　钙　维生素A　维生素C

炒三丝

材料

猪瘦肉50克，黑木耳30克，黄甜椒1个，盐、植物油各适量

做法

❶ 黑木耳温水泡发，洗净，切丝；黄甜椒洗净，切丝；猪瘦肉洗净，切丝。

❷ 油锅烧热，放入猪肉丝翻炒至变色，再将黑木耳丝、黄甜椒丝放入炒熟，加盐调味即可。

这么吃更强壮

甜椒中丰富的维生素C有利于促进人体对黑木耳中铁的吸收，还有利于维护孩子的免疫力。

膳食纤维　铁　维生素C

煎酿豆腐

材料

豆腐100克，猪肉50克，香菇丁20克，碎虾仁30克，姜末、葱花、生抽、盐、白糖、蚝油、植物油、水淀粉各适量

做法

❶ 猪肉洗净，剁碎，加香菇丁、碎虾仁、姜末、生抽、盐、白糖拌成肉馅；豆腐洗净，切块，在中间挖长条形凹坑，填入调好的肉馅。

❷ 油锅烧热，将豆腐块盛肉馅面朝下，煎至金黄翻面，加蚝油、生抽、白糖、水，小火炖煮2分钟，盛出撒葱花；锅中汤汁加水淀粉勾芡，淋在豆腐上即可。

这么吃更强壮

豆腐中的蛋白质属于优质植物蛋白，与肉类一起食用，可以提高蛋白质的利用率。

山药炒虾仁

材料

山药、胡萝卜各半根，虾仁100克，蛋清、盐、干淀粉、醋、料酒、植物油各适量

做法

❶ 山药、胡萝卜分别去皮，洗净，切片，焯熟；虾仁洗净，用蛋清、盐、干淀粉腌制片刻。

❷ 油锅烧热，下虾仁炒至变色后盛出；放入山药片、胡萝卜片炒熟，加醋、料酒、盐，再放入虾仁翻炒均匀即可。

这么吃更聪明

虾仁高蛋白、低脂肪；山药富含淀粉以及可溶性膳食纤维，二者搭配相得益彰。如果想色彩更丰富一些，可搭配适量的黄瓜等。

酸味豆腐炖肉

材料

五花肉、酸菜各50克,豆腐200克,蛏子100克,蒜苗段、姜片、葱花、盐、白糖、植物油各适量

做法

❶ 五花肉洗净,切片;豆腐洗净,切条;酸菜洗净,沥干,切段;蛏子洗净,氽烫,沥干。
❷ 油锅烧热,加入豆腐条,两面煎黄,盛出。另起油锅烧热,爆香姜片、葱花,加入五花肉片翻炒,加适量水、酸菜段、盐、白糖,炖煮15分钟,加蒜苗段、豆腐条、蛏子稍煮即可。

这么吃更强壮

酸味豆腐炖肉含蛋白质、钙等,不仅能给孩子补充能量,还有很好的开胃作用。

蛋白质　钙　锌　铁

鱼香肉丝

材料

黑木耳5朵,猪里脊肉、竹笋、胡萝卜各50克,葱花、水淀粉、盐、醋、生抽、植物油各适量

做法

❶ 黑木耳温水泡发,洗净,切丝;竹笋、胡萝卜分别去皮,洗净,切丝;猪里脊肉洗净,切丝,加盐、醋腌制。
❷ 盐、醋、水淀粉、生抽,调成料汁。
❸ 油锅烧热,加猪肉丝炒至白色,放入胡萝卜丝、竹笋丝、黑木耳丝大火炒熟,加入料汁,翻炒均匀,出锅前撒上葱花即可。

这么吃更强壮

竹笋具有低脂肪、低糖、多膳食纤维的特点,和猪肉搭配,营养互补。鱼香肉丝酸酸的口味,让孩子食欲大增。

蛋白质　膳食纤维　铁　B族维生素

蛋白质　碘　矿物质

海带炖肉

材料

猪肉200克，海带50克，盐、植物油各适量

做法

❶ 猪肉切块，汆水；海带洗净，切片。

❷ 油锅烧热，放入猪肉块翻炒片刻，加适量水，大火煮沸转小火炖至八成烂，下海带片，再炖10分钟左右，加盐调味即可。

这么吃更聪明

海带炖肉味道鲜美，含有蛋白质、脂肪、多种矿物质以及维生素A、B族维生素，具有强身抗病的功效。海带中丰富的碘还有促进孩子大脑发育的作用。

蛋白质　膳食纤维　维生素

西蓝花炒肉丁

材料

猪瘦肉50克，西蓝花1小颗，盐、植物油各适量

做法

❶ 猪瘦肉洗净，切丁；西蓝花洗净，掰小朵，焯水。

❷ 油锅烧热，放入猪瘦肉丁炒至断生，放入西蓝花翻炒片刻，加盐调味即可。

这么吃更强壮

西蓝花炒肉丁营养丰富，含有蛋白质、磷、铁、胡萝卜素等营养元素，以及维生素A、维生素C、硫胺素、核黄素等多种维生素，助力孩子健康成长。

美味汤羹，饭前喝不长胖

丝瓜火腿片汤

材料

丝瓜1根，火腿肠1根，盐、植物油各适量

做法

❶ 丝瓜洗净，去皮，切块；火腿肠切片。

❷ 油锅烧热，下丝瓜块翻炒片刻，加适量水煮约3分钟，下火腿肠片稍煮，加盐调味即可。

这么吃更强壮

丝瓜含维生素C、B族维生素及多种矿物质，可清热凉血，特别适合夏天做给孩子吃。

蛋白质　B族维生素　维生素C

意式蔬菜汤

材料

西蓝花1小颗，胡萝卜丁、南瓜丁、白菜碎、洋葱碎、蒜末、高汤、盐、植物油各适量

做法

❶ 西蓝花洗净，掰小朵。

❷ 油锅烧热，爆香蒜末、洋葱碎，放入胡萝卜丁、南瓜丁、西蓝花、白菜碎翻炒片刻，加入高汤，煮沸后转小火炖煮10分钟，加盐调味即可。

这么吃肠胃好

这道汤富含膳食纤维，味道鲜美，尤其适合冬季食用，可增强孩子的抗寒能力，补充多种营养素。

膳食纤维　胡萝卜素　维生素C

蛋白质　钙　钾　磷

海米冬瓜汤

材料

冬瓜1块，虾米1小碗，高汤、盐、芝麻油各适量

做法

❶ 虾米浸泡15分钟；冬瓜去皮去瓤，洗净，切片。

❷ 锅中加入高汤，大火煮沸，加入冬瓜片、虾米煮熟，加盐、芝麻油调味即可。

这么吃更聪明

虾米富含蛋白质、镁、磷、钙等营养元素，与富含钾的冬瓜搭配做汤，味道鲜美，营养丰富，有清热、补钙的作用。

蛋白质　膳食纤维　胡萝卜素

时蔬排骨汤

材料

排骨200克，玉米1根，山药半根，胡萝卜丁、姜片、盐各适量

做法

❶ 排骨洗净，斩段，汆烫去血水，捞出洗净，沥干；玉米洗净，切段；山药去皮，洗净，切片。

❷ 锅中加适量水，放入排骨、玉米、姜片、大火煮沸，转小火熬至排骨熟烂，加入山药片、胡萝卜丁煮熟，加盐调味即可。

这么吃更强壮

时蔬排骨汤荤素搭配，营养丰富，特别适合偏食的孩子。

小白菜鱼丸汤

材料

鱼丸100克，小白菜2颗，姜丝、胡萝卜丁、海带丝、高汤、盐、植物油各适量

做法

❶ 小白菜洗净，切段。

❷ 油锅烧热，爆香姜丝，放入胡萝卜丁、海带丝翻炒均匀。

❸ 锅中加入高汤，煮沸后，放入鱼丸、小白菜；再煮沸，加少许盐调味即可。

这么吃肠胃好

小白菜富含维生素、矿物质和膳食纤维，有助于增强孩子的免疫能力，润肠通便。与鲜美的鱼丸搭配，又能补充优质蛋白。

蛋白质　膳食纤维　胡萝卜素　碘

胡萝卜豆腐汤

材料

豆腐1块，胡萝卜半根，鸡蛋1个，鸡汤1碗，盐适量

做法

❶ 鸡蛋打散成蛋液；胡萝卜去皮，洗净，切丁；豆腐洗净，切丁。

❷ 鸡汤加入锅中，煮沸后，放胡萝卜丁、豆腐丁，再煮沸后，加入蛋液、盐煮沸即可。

这么吃更强壮

由胡萝卜素转变而成的维生素A有助于孩子骨骼的生长发育。豆腐含钙，和胡萝卜一起吃可以健脾养胃，而胡萝卜含有的膳食纤维有润肠通便的作用。

蛋白质　膳食纤维　钙　胡萝卜素

胡萝卜鱼丸汤

材料

青菜2颗，鱼肉50克，胡萝卜半根，海带丝、盐、芝麻油各适量

做法

❶ 鱼肉去刺去皮，剁泥制成鱼丸；青菜洗净，剁碎；胡萝卜去皮，洗净，切丁；海带丝洗净。

❷ 锅中加适量水，放入胡萝卜丁煮软，再加青菜碎、鱼丸、海带丝煮熟，加盐、芝麻油调味即可。

这么吃更聪明

鱼肉除了富含优质蛋白，还含有一定量的DHA。每周可以给孩子安排吃1次或2次鱼类。

口蘑鹌鹑蛋汤

材料

口蘑50克，鹌鹑蛋5个，青菜2颗，植物油、盐各适量

做法

❶ 口蘑洗净，切丁；青菜洗净，切段；鹌鹑蛋煮熟，去壳。

❷ 油锅烧热，放入口蘑煸炒，加适量水，煮沸后放入青菜段、鹌鹑蛋再煮3分钟，加盐调味即可。

这么吃更聪明

鹌鹑蛋含优质蛋白、维生素A、B族维生素及矿物质；口蘑富含矿物质和蛋白质。搭配青菜煮汤，食材丰富，营养全面。

海带土豆鱼丸汤

材料

白菜叶2片，鱼肉50克，海带20克，胡萝卜半根，土豆半个，蛋清、干淀粉、葱花、芝麻油、盐各适量

做法

❶ 鱼肉去刺去皮，剁泥，加入干淀粉、蛋清拌匀，制成鱼丸；白菜叶洗净，剁碎；海带洗净，切丝；胡萝卜、土豆分别去皮，洗净，切丁。

❷ 锅中加水，放入海带丝、胡萝卜丁、土豆丁煮软，再放入白菜碎、鱼丸煮熟，撒上葱花，加盐、芝麻油调味即可。

这么吃更聪明

海带能够补充碘，碘有利于稳定孩子甲状腺功能和促进孩子智力发育。

蛋白质　膳食纤维　碘　胡萝卜素

胡萝卜猪肉汤

材料

胡萝卜100克，猪瘦肉50克，盐、植物油各适量

做法

❶ 猪瘦肉洗净，切丁，氽水；胡萝卜去皮，洗净，切块。

❷ 油锅烧热，加入猪瘦肉丁炒至六成熟，加入胡萝卜块同炒，加适量水，小火煮至食材熟烂，加盐调味即可。

这么吃更聪明

猪瘦肉、牛肉等红肉是补铁的良好食材，含有饱和脂肪酸，日常可以和禽肉换着吃。

蛋白质　铁　胡萝卜素

芥菜干贝汤

材料
芥菜50克，干贝5~7个，盐、芝麻油各适量

做法
❶ 芥菜洗净，切段；干贝浸泡，入沸水锅煮软，捞出。

❷ 锅中加适量水，加入芥菜段、干贝稍煮，出锅前加盐、芝麻油调味即可。

这么吃更强壮

干贝属于高蛋白食材，还含有锌、铁、硒等微量元素；芥菜含有丰富的钙、钾等营养素。干贝和蔬菜搭配煮汤，鲜香美味，让孩子爱上吃蔬菜。

鸭血豆腐汤

材料
豆腐、鸭血各1小块，菠菜、盐、芝麻油各适量

做法
❶ 鸭血、豆腐分别洗净，切块；菠菜洗净，焯水，切碎。

❷ 锅中加适量水，放入鸭血块、豆腐块、盐同煮，10分钟后加菠菜碎稍煮，出锅前淋入芝麻油即可。

这么吃精力足

鸭血所含的铁是血红素铁，吸收率高，是孩子补铁的良好食材，每周可以给孩子安排1次或2次动物肝或血制品。

番茄牛肉羹

材料

牛肉50克，番茄1个，胡萝卜半根，洋葱20克，水淀粉、植物油、盐、芝麻油各适量

做法

❶ 牛肉洗净，切丁；番茄、胡萝卜、洋葱分别去皮，洗净，切丁。

❷ 油锅烧热，加入牛肉块煸炒，再加入番茄丁、胡萝卜丁和洋葱丁炒1~2分钟，加适量水，大火煮沸转小火炖，至牛肉软烂，加入水淀粉煮沸，加盐、芝麻油即可。

这么吃肠胃好

牛肉可以补充优质蛋白、铁、锌等；胡萝卜富含胡萝卜素，能在体内转化成维生素A；番茄中的有机酸则能引起食欲、帮助消化。

蛋白质　铁　胡萝卜素　番茄红素

青菜干贝汤

材料

青菜100克，干贝10个，高汤、葱花、姜末、蒜末、芝麻油、盐各适量

做法

❶ 青菜洗净，切段；干贝浸泡，入沸水锅煮软，捞出。

❷ 锅中加高汤，放入青菜段、干贝、葱花、姜末、蒜末煮入味，出锅前加盐、芝麻油调味即可。

这么吃肠胃好

干贝富含蛋白质、核黄素和磷、硒等多种营养成分，和富含膳食纤维的青菜搭配，味道鲜美，营养丰富，有利于孩子肠道健康。

蛋白质　膳食纤维　钙　硒

143

蛋白质　DHA　钙　磷

昂刺鱼豆腐汤

材料

昂刺鱼1条，嫩豆腐1盒，葱段、葱花、姜片、料酒、盐、植物油各适量

做法

❶ 昂刺鱼去内脏洗净，沥干；嫩豆腐洗净，切块。

❷ 油锅烧热，放入昂刺鱼煎至两面金黄，加适量水、葱段、姜片同煮。

❸ 大火煮沸，淋少许料酒，转中小火炖30分钟至汤呈奶白色，加入豆腐块再煮5分钟；出锅前撒葱花，加盐调味即可。

这么吃更强壮

昂刺鱼含DHA以及钙、磷等矿物质，对孩子大脑、肌肉和骨骼的发育都有好处，还能增强抗病能力。

蛋白质　胡萝卜素

土豆胡萝卜肉末羹

材料

土豆1个，胡萝卜1根，牛肉末100克，芝麻油、盐各适量

做法

❶ 土豆、胡萝卜分别去皮，洗净，切块；土豆块、胡萝卜块放入搅拌机，加适量水打成泥。

❷ 将胡萝卜土豆泥与牛肉末混合在一起，加盐、芝麻油拌匀，上锅蒸熟即可。

这么吃更强壮

牛肉可以补充优质蛋白、铁、锌等；胡萝卜富含胡萝卜素，能在体内转化成维生素A；土豆富含碳水化合物。三者搭配，营养丰富，孩子爱吃。

虾丸韭菜汤

材料

虾仁200克,鸡蛋1个,韭菜20克,干淀粉、盐、植物油各适量

做法

❶ 虾仁洗净,剁泥;鸡蛋分离出蛋黄和蛋清;韭菜洗净,切末。

❷ 虾泥中放蛋清、盐、干淀粉,搅成糊状;将蛋黄液倒入油锅,摊成鸡蛋饼,切丝。

❸ 锅中加适量水,煮沸后用小勺舀虾糊氽成虾丸,放入蛋皮丝,再次煮沸后,放韭菜末,稍煮即可。

这么吃更强壮

虾肉蛋白质含量很高。韭菜含有丰富的膳食纤维,与虾丸搭配做汤,在提供优质蛋白的同时可促进胃肠蠕动,防止孩子便秘。

蛋白质　膳食纤维　卵磷脂

冬瓜海带排骨汤

材料

排骨400克,海带1根,冬瓜50克,香菜碎、姜片、盐各适量

做法

❶ 海带洗净,切片;排骨洗净,斩段,氽烫去血水,捞出洗净,沥干;冬瓜去瓤,洗净,切块。

❷ 锅中加适量水,放入排骨、姜片,大火煮沸转小火,炖30分钟左右。

❸ 放入海带片,继续炖20分钟后放入冬瓜块,再炖20分钟至冬瓜熟,加盐调味,撒上香菜碎即可。

这么吃更强壮

冬瓜海带排骨汤能增强孩子免疫力,促进孩子骨骼的生长。

蛋白质　钙　碘　胡萝卜素

小零食自己做，安全、放心

第**7**章

无添加零食：
好吃又减压

孩子爱吃的小食

蛋白质　维生素C　胡萝卜素

培根圣女果卷

材料

圣女果8个，培根4片

做法

❶ 圣女果洗净，沥干；将培根切两半，取一半放入1个圣女果卷起来，插入牙签固定。

❷ 烤盘垫上锡纸，培根卷摆入烤盘，放入预热至180℃的烤箱，烤8~10分钟即可。

这么吃更强壮

圣女果维生素的含量较高；培根含优质蛋白。两者搭配制成零食，能为孩子提供更丰富的营养。

碳水化合物　蛋白质　膳食纤维　维生素C

黄金薯球

材料

鸡蛋1个，土豆2个，胡萝卜丁、干淀粉、面包糠、葱花、黑胡椒粉、植物油、盐各适量

做法

❶ 鸡蛋打散成蛋液；土豆去皮，洗净，切块，放入沸水锅煮15分钟，取出捣成泥。

❷ 油锅烧热，放入胡萝卜丁翻炒片刻；将胡萝卜丁加入土豆泥中，加葱花、黑胡椒粉、盐拌匀；取适量土豆泥搓成球。

❸ 土豆球依次裹干淀粉、蛋液、面包糠，下油锅炸至颜色金黄即可。

这么吃精力足

土豆含碳水化合物、维生素C、钾和膳食纤维等。黄金薯球属于油炸食品，孩子不宜多食。

香酥棒棒鸡

材料

鸡翅根500克，鸡蛋2个，干淀粉30克，姜末、蒜末、盐、白胡椒粉、生抽、料酒、植物油各适量

做法

❶ 鸡蛋打散成蛋液；切断鸡翅根末端的筋膜，将鸡肉推向一侧成棒棒状。

❷ 在鸡翅根中加入部分干淀粉以及除植物油外的所有调味料腌制30分钟以上。

❸ 把腌制过的鸡翅根均匀蘸上干淀粉，再裹一层蛋液，最后再蘸一层干淀粉。

❹ 油锅烧至六七成热时放入鸡翅根，炸大约6分钟至表面金黄即可。

这么吃更强壮

鸡翅根含蛋白质和铁，可以为孩子补充优质蛋白，提高免疫力，强身健体。

焦糖爆米花

材料

爆裂玉米250克，黄油20克，白糖、植物油各适量

做法

❶ 热锅倒油，加入爆裂玉米晃匀，中小火加热至有玉米爆开，转小火并盖锅盖，不时晃锅至玉米全部爆开。

❷ 白糖加适量水，入炒锅中小火加热，糖水呈焦糖色后放黄油拌匀；将爆米花放入糖水中快速翻拌，装盘晾凉。

这么吃更聪明

焦糖爆米花含有大量的碳水化合物，可短时间为孩子提供所需热量。但因为热量较高，所以不宜多吃。

椰香奶糕

材料

牛奶200毫升，椰浆、椰蓉各50克，淡奶油150克，吉利丁粉8克，白糖30克

做法

❶ 将牛奶加入锅中，依次加入淡奶油、白糖、吉利丁粉和椰浆，稍加热，不用煮沸。

❷ 将方形保鲜盒套上保鲜袋，待奶浆稍微凉一点，过滤后加入保鲜盒中，冷藏5小时左右。

❸ 取出成型的奶糕切块，蘸上椰蓉即可。

这么吃更强壮

椰子含有碳水化合物、脂肪、蛋白质、B族维生素、维生素C及营养元素钾、镁等，能够有效地补充人体所需的营养成分，提高孩子抵抗力，上学不易生病。

酥炸鱿鱼

材料

鲜鱿鱼1条，鸡蛋2个，面粉、白糖、生抽、盐、黑胡椒粉、植物油各适量

做法

❶ 鱿鱼洗净，切段，沥干，加生抽、盐、白糖、黑胡椒粉和1个鸡蛋拌匀，腌制15分钟。

❷ 另一个鸡蛋打散成蛋液，将腌好的鱿鱼段裹上蛋液、面粉，放入油锅中炸3分钟至色泽金黄，捞出沥油即可。

这么吃视力好

鱿鱼含蛋白质、钙、磷、碘，有助于孩子骨骼发育和造血，还含有大量牛磺酸，可缓解疲劳，恢复视力。

烤鸡肉串

材料

鸡胸脯肉200克，洋葱半个，黄、青、红甜椒各1个，料酒、盐、黑胡椒粉、姜末、葱花、植物油各适量

做法

❶ 鸡胸脯肉洗净，切块，加料酒、盐、葱花、姜末腌制2小时；洋葱去皮，洗净，切块；黄、青、红甜椒洗净，切块。

❷ 鸡块、洋葱块和黄、青、红甜椒块间隔串在竹签上。

❸ 烤箱预热至180℃，上下火，鸡肉串刷油，撒黑胡椒粉，烤20分钟即可。

这么吃更聪明

鸡胸脯肉蛋白质含量高，脂肪含量低，与洋葱、甜椒等蔬菜搭配，颜色诱人，营养丰富。

牙签肉

材料

猪里脊肉200克，干淀粉、白芝麻、植物油、生抽、黑胡椒粉、孜然粉各适量

做法

❶ 猪里脊肉洗净，切丁，加入生抽、干淀粉、黑胡椒粉和少许植物油拌匀，腌制1小时。

❷ 腌好的猪里脊肉用牙签串上，油锅烧至五成热，下猪里脊肉串炸至金黄色，捞出沥油。

❸ 撒上白芝麻和少许孜然粉即可。

这么吃更强壮

猪里脊肉含蛋白质和铁等营养素，能为孩子提供必需脂肪酸，改善缺铁性贫血。

蛋白质　钙　维生素C　花青素

火龙果酸奶布丁

材料

红心火龙果1个，吉利丁2片，酸奶、牛奶、白糖各适量

做法

❶ 吉利丁冰水泡软；红心火龙果去皮，切块。

❷ 酸奶、火龙果块放入搅拌机中搅拌成奶昔。

❸ 锅中倒牛奶，加适量白糖，小火加热至白糖溶化，再加吉利丁片，加热至吉利丁片溶化，盛出稍放凉成牛奶液。

❹ 奶昔与牛奶液混合，拌匀后过筛，加入容器中，放冰箱冷藏至凝固即可。

这么吃长得高

红心火龙果含花青素、维生素C、水溶性膳食纤维、铁等，与酸奶搭配，可增强孩子的免疫力，还能为孩子补钙。

蛋白质　钙　钾

香酥洋葱圈

材料

洋葱1个，鸡蛋2个，盐、干淀粉、植物油各适量

做法

❶ 洋葱去皮，洗净，横着切1厘米左右的大厚片，掏成一个个洋葱圈，去掉太大或太小的。

❷ 鸡蛋打散成蛋液，加盐搅拌。

❸ 将洋葱圈均匀地裹上干淀粉，再裹上一层蛋液，油锅烧至六成热，放入洋葱圈，炸至金黄时捞出，用吸油纸吸去多余的油即可。

这么吃更强壮

洋葱味道辛辣，做熟可以减轻辣味，更适合孩子。油炸食物不宜经常吃，可以偶尔给孩子尝一尝。

玉米冻奶

蛋白质　膳食纤维　维生素C　钙

材料

玉米粒100克，牛奶、白糖各适量

做法

❶ 玉米粒洗净，煮熟，晾凉切碎。

❷ 牛奶加入锅中，加少许白糖，煮至白糖完全溶化后，放入玉米粒碎，不停地搅拌，煮沸后加入容器中，放入冰箱冷藏至凝固即可。

这么吃肠胃好

玉米富含膳食纤维，可以促进孩子肠道蠕动；牛奶的蛋白质和钙含量丰富，可以促进孩子生长发育。

香蕉木瓜酸奶昔

碳水化合物　蛋白质　维生素　矿物质

材料

木瓜半个，香蕉1根，酸奶、蜂蜜各适量

做法

❶ 木瓜、香蕉分别去皮，切块。

❷ 将木瓜块、香蕉块放入搅拌机搅拌，加适量的蜂蜜、酸奶拌匀，倒入杯中即可。

这么吃更强壮

香蕉木瓜酸奶昔香甜味美，营养丰富，含碳水化合物、蛋白质、膳食纤维、胡萝卜素、钾等，可作为孩子的健康饮品。

孜然土豆片

材料
土豆1个，孜然粉、盐、白胡椒粉、植物油各适量

做法
❶ 土豆去皮，洗净，切薄片。
❷ 将孜然粉、盐、白胡椒粉混合，拌匀成调料。
❸ 土豆片表面刷油，均匀地撒上调料。
❹ 烤箱预热至200℃，将土豆片平铺在烤盘上，放入烤箱烤10分钟即可。

这么吃精力足

土豆含有丰富的碳水化合物，还含有钾等营养素，可以换着花样做，让孩子体验不同的口味。

松仁鸡肉卷

材料
鸡肉100克，虾仁50克，松仁20克，胡萝卜丁、蛋清、干淀粉、盐、料酒各适量

做法
❶ 鸡肉洗净，切薄片。
❷ 虾仁洗净，剁泥，加入胡萝卜丁、盐、料酒、蛋清和干淀粉搅拌成馅。
❸ 在鸡肉片上放馅和松仁，卷成卷，入蒸锅大火蒸熟即可。

这么吃更聪明

松仁鸡肉卷中优质蛋白含量丰富，其中松仁含有亚油酸、锌等营养素，可助孩子智力发育。

蛋皮卷

材料

鸡蛋3个,胡萝卜半根,火腿肠1根,生菜叶、盐、干淀粉、沙拉酱、黄瓜条、米饭、植物油各适量

做法

❶ 鸡蛋打散成蛋液,加盐、干淀粉搅匀;胡萝卜去皮,洗净,切条;火腿肠切条。
❷ 油锅烧热,加入蛋液,小火煎成蛋皮。
❸ 蛋皮一面抹上一层沙拉酱,铺上米饭、生菜叶、胡萝卜条、火腿肠条、黄瓜条,卷成卷切段即可。

这么吃精力足

蛋皮卷荤素搭配,营养均衡,制作起来省时方便,不仅可以作为孩子的营养零食,还可以作为美味早餐。

荷包蛋小汉堡

材料

全麦圆面包1个,鸡蛋1个,生菜叶、沙拉酱、植物油各适量

做法

❶ 油锅烧热,打入鸡蛋,煎成荷包蛋。
❷ 全麦圆面包从中间横向切开,抹上沙拉酱,放上生菜叶、荷包蛋即可。

这么吃精力足

全麦面包比白面包含有更多的B族维生素。荷包蛋小汉堡荤素搭配,营养均衡,能快速为孩子补充能量。

周末亲子烘焙

红薯蛋挞

材料

红薯1个，鸡蛋黄2个，奶油20克，白糖适量

做法

❶ 红薯洗净，去皮，蒸熟，捣成泥，加入白糖、鸡蛋黄以及奶油拌匀。

❷ 将调好的红薯糊舀到蛋挞模型里，放入预热至180℃的烤箱内烤15分钟即可。

这么吃精力足

红薯含丰富的碳水化合物和可溶性膳食纤维；鸡蛋含有蛋白质、卵磷脂、维生素A等。红薯蛋挞热量高，孩子一次不宜吃太多。

饼干棒

材料

鸡蛋3个，低筋面粉70克，白糖50克，香草精适量

做法

❶ 鸡蛋分离出蛋黄和蛋清；蛋清打出粗泡，分多次加入35克白糖，打至黏稠；蛋黄中加入15克糖，滴入香草精，打至蛋黄浓稠，体积膨大。

❷ 将低筋面粉、打好的蛋清和蛋黄翻拌均匀，搅拌成面糊。

❸ 面糊装进裱花袋，在烤盘上挤出条，放入预热至190℃的烤箱，烤10分钟左右即可。

这么吃精力足

饼干棒富含碳水化合物、蛋白质，可以作为零食给孩子补充能量。

铜锣烧

材料

鸡蛋2个，低筋面粉130克，小苏打2克，白糖80克，蜂蜜、红豆沙各适量

做法

❶ 鸡蛋、白糖和蜂蜜混合搅打3分钟至蛋液蓬松；小苏打溶于水后加入蛋液拌匀；蛋液中筛入低筋面粉，翻拌面糊至顺滑无粉粒，盖保鲜膜静置30分钟。

❷ 平底锅烧热后改小火，将面糊加入锅中心，摊开呈圆形，烙2分钟至表面鼓气泡并破裂形成小洞，翻面继续烙30秒。

❸ 面饼放凉，颜色较淡一面抹红豆沙，深色朝外盖另一片，按紧实即可。

这么吃精力足

铜锣烧含有蛋白质、碳水化合物等，适合作为孩子的早餐或者甜点补充能量。

泡芙

材料

黄油20克，牛奶100克，面粉35克，鸡蛋2个，盐、白糖、奶油各适量

做法

❶ 鸡蛋打散成蛋液；牛奶兑适量水后放入锅中加热，转小火，加黄油、盐、白糖拌匀，加入筛好的面粉后关火，搅拌成糊，分2次拌入蛋液。

❷ 蛋糊装入裱花袋，挤出球形，放入预热至180℃的烤箱，烤20分钟。

❸ 泡芙冷却后，在其底部挖洞，挤入奶油即可。

这么吃精力足

泡芙含有丰富的蛋白质、脂肪、钙等营养成分，消化吸收快，较胖的孩子建议控制量。

香酥造型饼干

材料

蛋黄1个，低筋面粉120克，黄油75克，糖粉45克，香草精、盐各适量

做法

❶ 黄油切丁，软化后依次加入糖粉、蛋黄、香草精，筛入低筋面粉和盐拌匀成面团。

❷ 面团压成片状，包上保鲜膜置于冰箱冷藏20~30分钟，取出擀成约3毫米厚的片。

❸ 用饼干模具在面片上压出造型，做成饼干坯；烤箱预热至180℃，饼干坯放中层烤10分钟即可。

这么吃精力足

黄油含脂肪酸、矿物质等，可以煎牛排、烤面包，香醇味美，绵甜可口，但需控制用量和食用次数。

华夫饼

材料

低筋面粉80克，牛奶100毫升，黄桃、番茄各1个，糖粉30克，黄油50克，蛋清、蛋黄、蓝莓酱、植物油各适量

做法

❶ 黄油隔水融化，稍晾后加入鸡蛋黄和牛奶拌匀；筛入低筋面粉，搅拌至无颗粒状。

❷ 蛋清中加入糖粉，搅打至出现直立尖角；将蛋清与蛋黄糊混合，翻拌均匀。

❸ 华夫饼模具刷油后预热2分钟，加入面糊；中小火加热，烘烤2分钟后翻面。

❹ 黄桃去皮，切块；番茄洗净，切块，和华夫饼一起摆盘，淋上蓝莓酱即可。

这么吃精力足

华夫饼含蛋白质、矿物质、维生素较多，适量吃可缓解疲劳，和水果搭配，作为加餐，健康美味。

蜂蜜吐司棒

材料

吐司面包3片，黄油8克，蜂蜜、白糖各适量

做法

❶ 吐司面包切条。

❷ 黄油和蜂蜜放在一起，用微波炉加热融化后，均匀地刷在吐司面包条上。

❸ 吐司面包条放入预热至180℃的烤箱，烤8分钟左右，取出稍微放凉后撒上白糖即可。

这么吃精力足

蜂蜜主要含葡萄糖、果糖、蔗糖等，还含有少量维生素、矿物质，风味独特，适合作为白糖的替代物。

碳水化合物　脂肪酸　维生素

蔓越莓司康

材料

蔓越莓20克，低筋面粉150克，无铝泡打粉4克，黄油50克，白糖40克，牛奶、盐各适量

做法

❶ 黄油室温下回软，切小丁；低筋面粉、无铝泡打粉、白糖、盐过筛，将面粉混合物和黄油混合，用手搓成像面包屑一样的质感，再倒入牛奶，揉匀后加入蔓越莓。

❷ 面团盖上保鲜膜放入冰箱冷藏1小时；从冰箱中取出后分成10份，轻揉成近圆形，用毛刷在其表面涂一层牛奶，用预热200℃的烤箱，烤约20分钟即可。

这么吃更强壮

蔓越莓司康含碳水化合物、钙、维生素等，口感如面包般柔软，是孩子们喜爱的甜点。

碳水化合物　钙　维生素

芝麻酥饼

材料

低筋面粉120克，黄油60克，鸡蛋2个，黑芝麻、泡打粉、白糖、盐各适量

做法

❶ 鸡蛋打散成蛋液；低筋面粉中加适量泡打粉拌匀；黄油加少许盐，常温软化后加入白糖、蛋液打成均匀的黄油糊；低筋面粉和泡打粉过筛，加入黄油糊拌匀。

❷ 烤盘铺上油纸，取适量面糊摊成饼状，撒黑芝麻，放入预热至160℃的烤箱，烤50分钟即可。

这么吃精力足

低筋面粉富含碳水化合物；黑芝麻富含脂肪、维生素E、膳食纤维等。芝麻和面粉在一起烤制成酥饼，大大提升了面粉的香味和营养价值。

饼干比萨

材料

饼干4块，红甜椒、青甜椒各1个，奶酪条、比萨酱各适量

做法

❶ 红甜椒、青甜椒分别洗净，切块。

❷ 将饼干的一面抹上比萨酱，放上切好的红甜椒块、青甜椒块和奶酪条，放入预热至180℃的烤箱中，烤20分钟即可。

这么吃长得高

奶酪含有丰富的蛋白质、钙、脂肪、磷和维生素等营养成分，是孩子的补钙佳品。

巧克力曲奇

材料

黄油80克，低筋面粉100克，蛋清、白糖、可可粉、杏仁粉、盐、巧克力酱、巧克力豆各适量

做法

❶ 黄油加白糖、杏仁粉拌匀，加蛋清继续搅拌，再加巧克力酱拌匀成巧克力糊。

❷ 低筋面粉、盐、可可粉过筛，加入巧克力糊拌匀。

❸ 巧克力糊装入裱花袋，挤出饼坯，将巧克力豆按到饼坯上。

❹ 烤箱预热至180℃，放入饼坯烤15分钟，用余温再闷10分钟即可。

碳水化合物　蛋白质　脂肪酸

这么吃更强壮

巧克力曲奇含蛋白质、脂肪、维生素、矿物质等，可促进孩子骨骼发育；但热量高，不宜多吃。

白吐司

材料

高筋面粉200克，白糖40克，植物油、干酵母各适量

做法

❶ 高筋面粉中加植物油、白糖、干酵母以及适量温水，揉成面团，发酵至两倍大时，取出揉匀排气。

❷ 把面团分成小剂子，擀成长条，再卷起，放入吐司盒中再次发酵1小时。

❸ 烤箱预热至200℃，将发酵好的面团放入模具中，烤1小时后拿出装饰即可。

碳水化合物　蛋白质

这么吃精力足

吐司含蛋白质、碳水化合物及钙、钾、锌等矿物质，口味多样，易于孩子消化吸收。

杂粮饼干

碳水化合物　蛋白质　膳食纤维

材料

低筋面粉、玉米面、糯米面各50克,鸡蛋3个,黑芝麻、泡打粉、小苏打粉、白糖、植物油各适量

做法

❶ 鸡蛋打散成蛋液,加入植物油、白糖拌匀。
❷ 低筋面粉、玉米面、糯米面、黑芝麻、泡打粉、小苏打粉拌匀。
❸ 将蛋液和杂粮粉混合,拌匀成面团。
❹ 将面团揉成一个个圆团,用模具定型;烤箱预热至180℃,放入饼干坯,烤18分钟即可。

这么吃肠胃好

杂粮饼干用玉米面代替部分低筋面粉,使饼干含有更多的膳食纤维。

奶香小馒头

碳水化合物　蛋白质　钙

材料

土豆淀粉140克,低筋面粉20克,奶粉25克,白糖35克,鸡蛋1个,泡打粉、蜂蜜、黄油各适量

做法

❶ 鸡蛋打散成蛋液,加入蜂蜜拌匀;土豆淀粉、低筋面粉、奶粉、白糖、泡打粉过筛,加入蛋液和黄油拌匀,揉成面团。
❷ 面团分成小剂子,搓成长条,再切小面团,把小面团揉成馒头坯。
❸ 烤箱预热至175℃,上下火,放入馒头坯,中层烤8分钟,余温再闷10分钟即可。

这么吃长得高

用牛奶代替水和面做小馒头,营养丰富,易于吸收,带有奶香,孩子更爱吃。

樱桃奶香蛋糕

材料

樱桃100克,白糖10克,鸡蛋1个,糖粉20克,低筋面粉20克,香草精、黄油、牛奶各适量

做法

❶ 樱桃洗净,去柄去核,加适量白糖腌制20分钟。

❷ 鸡蛋加糖粉、香草精拌匀,筛入低筋面粉,加软化的黄油、牛奶拌匀成面糊。

❸ 面糊加入模具,码上樱桃,放上烤盘,放入预热至180℃的烤箱,烤20分钟即可。

这么吃更强壮

樱桃酸甜可口,含有维生素C、花青素、钾等营养成分。烤蛋糕时配上樱桃,会给蛋糕的外形和口味加分。

碳水化合物　蛋白质　维生素C　钾

杏仁酥

材料

黄油40克,白糖20克,低筋面粉30克,蜂蜜、杏仁碎各适量

做法

❶ 黄油、白糖、蜂蜜隔水加热搅拌,筛入低筋面粉,加入杏仁碎拌成面糊。

❷ 烤盘铺锡纸,上摊面糊,成圆形薄片,放入预热至180℃的烤箱,烤10分钟。

❸ 趁热揭下饼干坯,擀成瓦片状,冷却即可。

这么吃更强壮

杏仁含黄酮类和多酚类,又含钙、磷、铁、硒等多种矿物质及B族维生素,作为孩子的零食,健康不长胖。

碳水化合物　蛋白质　钙

野餐便当

鲣鱼饭

材料

米饭1碗，即食鳗鱼1条，海苔1片，生抽、老抽、料酒、白糖、熟白芝麻各适量

做法

❶ 即食鳗鱼整条放入锅中，加入生抽、老抽、料酒、白糖，小火煮到汤汁浓稠。
❷ 煮好的鳗鱼趁热切片，放在米饭上，浇上汤汁。
❸ 海苔剪成丝状，撒在鳗鱼上，再撒上熟白芝麻即可。

这么吃更聪明

鳗鱼富含DHA，充足的DHA摄入有利于孩子大脑发育。

鸡腿套餐

材料

鸡腿2个，卤蛋1个，米饭1碗，胡萝卜片、海苔丝、姜片、青菜、生菜、盐、料酒、植物油各适量

做法

❶ 鸡腿加适量料酒、盐、姜片腌制2小时，放油锅炸熟；卤蛋从中间切开；青菜洗净，焯熟。
❷ 将米饭、卤蛋、鸡腿、青菜、生菜摆入便当盒，点缀上胡萝卜片和海苔丝即可。

这么吃更强壮

鸡腿肉质鲜美，富含蛋白质，脂肪含量低，加上含有卵磷脂的鸡蛋，搭配青菜、生菜，可为孩子提供较充足的营养。

三明治套餐

材料

吐司4片,午餐肉2片,荷包蛋1个,黄瓜片、生菜、虾仁、盐、白胡椒粉、千岛酱各适量

做法

❶ 虾仁洗净,加盐、白胡椒粉腌制片刻,汆熟切碎;生菜洗净;吐司去边。

❷ 取一片吐司,铺黄瓜片、虾仁碎、荷包蛋,淋千岛酱,盖一片吐司成虾仁三明治。

❸ 取一片吐司,间隔铺生菜和午餐肉,淋千岛酱,盖一片吐司成午餐肉三明治。

❹ 两种三明治对半切开,放入便当盒即可。

这么吃精力足

三明治荤素搭配,营养丰富,能补充人体所需能量,是孩子不错的充饥食品,搭配圣女果、火龙果等水果,营养更均衡。

什锦沙拉

材料

山药、香蕉各1根,火龙果半个,圣女果、沙拉酱、生菜各适量

做法

❶ 山药去皮,洗净,切片,焯熟;香蕉、火龙果去皮,切块;圣女果洗净,切块;生菜洗净。

❷ 将山药片、香蕉块、火龙果块、圣女果块放入大碗,淋上适量沙拉酱拌匀。

❸ 便当盒底部铺生菜,倒进沙拉即可。

这么吃更强壮

水果含丰富的维生素、矿物质以及膳食纤维。什锦沙拉有助于促进孩子免疫系统健康,预防疾病和减少肥胖。

杂粮水果饭团

材料

香蕉半根，火龙果1/4个，紫米20克，红豆10克，大米50克

做法

❶ 紫米、大米洗净；红豆洗净，浸泡6小时，放入锅中煮熟成杂粮饭，也可用电高压锅煮。

❷ 火龙果、香蕉分别去皮，切丁。

❸ 将煮好的杂粮饭平铺在手心，放入火龙果丁、香蕉丁，捏成可爱的饭团即可。

这么吃肠胃好

杂粮水果饭团富含膳食纤维和维生素，可促进胃肠蠕动，缓解孩子便秘。

烤肉串套餐

材料

羊肉、猪肉各200克，竹签、料酒、孜然粉、盐、白芝麻、植物油各适量

做法

❶ 羊肉、猪肉分别洗净，切块，加入料酒、盐腌制片刻。

❷ 将羊肉块、猪肉块分别用竹签串起来，刷上植物油，均匀地撒上白芝麻和孜然粉。

❸ 烤盘铺上锡纸，放上肉串，烤箱预热至200℃，上下火，中层烤20分钟即可。

这么吃更强壮

猪肉和羊肉含有丰富的优质蛋白和铁，但因为脂肪含量较高及采用烧烤的制作方法，所以不宜给孩子多吃。

多彩水饺

材料

菠菜、面粉各100克，胡萝卜2根，鸡肉香菇馅200克

做法

❶ 菠菜洗净，焯水，切碎；胡萝卜去皮，洗净，切块；分别用榨汁机榨汁。

❷ 面粉分成两份，用两种蔬菜汁分别和面，和好后分成小剂子，擀成皮，包入鸡肉香菇馅，捏成饺子。

❸ 锅中加适量水煮沸，下饺子，煮沸后加冷水，反复3次，煮至饺子熟透，捞出即可。

这么吃更强壮

多彩水饺营养丰富，颜色鲜艳，可以让不爱吃蔬菜的孩子慢慢接受蔬菜。

碳水化合物　蛋白质　铁　胡萝卜素

紫菜包饭

材料

黄瓜、火腿肠、胡萝卜各1根，米饭、肉松、紫菜、番茄酱、沙拉酱各适量

做法

❶ 黄瓜、胡萝卜分别去皮，洗净，切条；火腿肠切条。

❷ 取一片紫菜，均匀地铺上米饭，放上黄瓜条、火腿肠条、胡萝卜条、肉松，淋些沙拉酱、番茄酱，卷起，切块，摆放在便当盒中即可。

这么吃精力足

紫菜包饭含有碳水化合物、碘、蛋白质、膳食纤维等营养素，荤素搭配，可以为孩子提供能量及身体发育所需的营养。

碳水化合物　蛋白质　碘

167

让孩子熟悉四季的"味道"

第 *8* 章

四季饮食调养：
不咳嗽、少过敏、养脾胃

春季长高食谱

膳食纤维 维生素C

豉香春笋

材料

春笋1根,红甜椒、青甜椒各1个,豆豉、姜末、生抽、白糖、盐、植物油各适量

做法

❶ 春笋去皮,洗净,切丝;青、红甜椒分别洗净,切丝。

❷ 油锅烧热,爆香豆豉、姜末,放入春笋丝翻炒1分钟,加入青、红甜椒丝翻炒,加适量生抽、盐、白糖炒熟即可。

这么吃肠胃好

春笋含有丰富的膳食纤维,但由于春笋含植酸,会影响铁、锌的吸收,可搭配肉类或肝类同炒。

蛋白质 膳食纤维 钙 铁

三鲜炒春笋

材料

春笋1根,香菇丁、鱿鱼片、虾仁、葱花、蒜末、盐、水淀粉、植物油各适量

做法

❶ 春笋去皮,洗净,切片;虾仁洗净。

❷ 锅中加适量水煮沸,将鱿鱼片洗净,余水,沥干。

❸ 油锅烧热,爆香葱花、蒜末,放入春笋片、香菇丁、鱿鱼片、虾仁炒熟,加盐调味,加入水淀粉勾芡,翻炒均匀即可。

这么吃更聪明

虾仁含有丰富的优质蛋白,还含有丰富的钙、铁、硒等矿物质,加上春笋炒菜,荤素搭配,是助力孩子长高的菜品。

豌豆炒鸡丁

材料

鸡胸脯肉60克，胡萝卜1根，豌豆50克，植物油、盐各适量

做法

❶ 豌豆洗净，焯熟，捞出沥干；胡萝卜去皮，洗净，切丁；鸡胸脯肉洗净，切丁。

❷ 油锅烧热，放入鸡丁炒至变色，再放入胡萝卜丁、豌豆炒熟，加盐调味即可。

这么吃更强壮

鸡肉含有丰富的优质蛋白和不饱和脂肪酸，是孩子补铁补锌的好食材；豌豆含有蛋白质、B族维生素、钾等营养素。三者搭配，色彩鲜艳，营养更均衡。

芦笋薏米粥

材料

大米50克，薏米10克，芦笋20克

做法

❶ 薏米洗净，浸泡30分钟；芦笋洗净，切段；大米洗净。

❷ 将大米和薏米煮成粥，煮至黏稠状态放入芦笋段，煮熟即可。

这么吃精力足

大米、薏米碳水化合物含量丰富，吃够了大米粥，可以在米粥中加入其他谷物或杂豆做成复合粥，加点芦笋点缀，丰富颜色的同时可以补充膳食纤维。

菠菜鸡肉粥

材料

菠菜1小把，鸡肉丁、大米各50克，盐适量

做法

❶ 大米洗净；菠菜洗净，焯水，切段；鸡肉丁加盐腌制20分钟。

❷ 锅中放入大米和适量水，大火煮沸后转小火熬煮。

❸ 至粥煮黏稠时，放入鸡肉丁，煮熟后加入菠菜段，出锅前加盐调味即可。

这么吃更强壮

菠菜含膳食纤维，有预防和缓解便秘的功效，又富含胡萝卜素，与鸡肉搭配做成粥，营养均衡美味，还可预防孩子过敏。

莴笋培根卷

材料

莴笋1根，培根100克，牙签、盐各适量

做法

❶ 莴笋去皮，洗净，切条，放入加盐的沸水中焯熟。

❷ 用培根将莴笋条卷起来，用牙签固定，放入预热至200℃的烤箱内，烤制10分钟即可。

这么吃更强壮

培根富含蛋白质，又含铁、锌等营养素，但属于加工的肉类，可偶尔少量摄入换换口味。

清炒蚕豆

材料
新鲜蚕豆150克，红甜椒半个，葱花、盐、植物油各适量

做法
❶ 蚕豆洗净，去皮；红甜椒洗净，切丁。
❷ 油锅烧热，爆香葱花，加入蚕豆和红甜椒丁翻炒，转小火，加少许水焖煮。
❸ 焖至蚕豆变软，出锅前加盐调味即可。

这么吃精力足
蚕豆含碳水化合物、钾、铁、胡萝卜素等，但对蚕豆过敏的孩子不能吃。

糖醋胡萝卜丝

材料
胡萝卜半根，黑芝麻、醋、白糖、盐各适量

做法
❶ 胡萝卜去皮，洗净，切丝，放入碗内加盐拌匀，腌制10分钟；黑芝麻炒熟。
❷ 胡萝卜丝洗净，沥干，放入盘内，加白糖、醋拌匀，撒上熟黑芝麻即可。

这么吃视力好
胡萝卜富含胡萝卜素、膳食纤维等，是孩子视力发育的好帮手。糖醋胡萝卜丝清爽脆嫩、酸甜可口，能提高孩子的食欲。

韭菜炒豆芽

材料

韭菜、豆芽各50克,葱末、盐、植物油各适量

做法

❶ 豆芽洗净;韭菜洗净,切段。

❷ 油锅烧热,爆香葱末,再放入黄豆芽煸炒片刻。

❸ 下入韭菜段翻炒均匀,加盐调味即可。

这么吃肠胃好

韭菜中丰富的膳食纤维有促进孩子肠道蠕动的作用,可预防便秘。

炒三脆

材料

西蓝花1小颗,胡萝卜半根,生姜2片,银耳、盐、水淀粉、芝麻油、植物油各适量

做法

❶ 银耳冷水泡发,洗净,撕小朵;胡萝卜去皮,洗净,切丁;西蓝花洗净,掰小朵,焯水。

❷ 油锅烧热,爆香姜片,放入银耳、西蓝花、胡萝卜丁翻炒片刻。

❸ 加水淀粉、盐,待汤汁浓稠后,淋入芝麻油调味即可。

这么吃更聪明

西蓝花和胡萝卜都富含胡萝卜素和膳食纤维,同时含有维生素C和多种矿物质元素,如钾、镁、锌、锰等。这道菜色彩缤纷,能增进孩子的食欲。

宫保素三丁

材料

土豆、黄甜椒、红甜椒各1个，黄瓜半根，熟花生仁1小碗，葱花、白糖、盐、水淀粉、芝麻油、植物油各适量

做法

❶ 土豆去皮，洗净，切丁；黄瓜、黄甜椒、红甜椒分别洗净，切丁。

❷ 油锅烧热，爆香葱花，放入熟花生仁、土豆丁炒熟。

❸ 锅中加入黄瓜丁、黄甜椒丁、红甜椒丁，翻炒均匀，加白糖、盐调味，用水淀粉勾芡，淋入芝麻油即可。

这么吃更强壮

甜椒含有丰富的维生素C；土豆不但含有碳水化合物，维生素C含量也不低。

花样青菜豆腐

材料

豆腐100克，熟鸭蛋黄半个，青菜1颗，植物油、盐各适量

做法

❶ 豆腐洗净，切块；青菜洗净，切碎；熟鸭蛋黄捣成泥。

❷ 油锅烧热，放入蛋黄泥炒散，放豆腐块炒熟，再下入青菜碎炒熟，加盐调味即可。

这么吃长得高

青菜富含胡萝卜素、钙、维生素C、膳食纤维等。孩子每天摄入的蔬菜中最好有绿叶蔬菜。

青菜虾米烫饭

材料
米饭1碗，青菜2颗，虾米、芝麻油各适量

做法
❶ 虾米提前浸泡1小时；青菜洗净，焯熟，捞出过凉水，沥干，切段。
❷ 锅中加适量水煮沸，加入米饭，转小火煮至米粒破裂，放入青菜、虾米，淋入芝麻油即可。

这么吃长得高
虾米含有丰富的蛋白质、钙等营养素。青菜虾米烫饭营养丰富，口味鲜香，适合孩子食用。

芹菜奶酪蛋汤

材料
奶酪20克，鸡蛋1个，芹菜1颗，胡萝卜50克，高汤1碗，面粉适量

做法
❶ 芹菜去叶，洗净，切碎；胡萝卜去皮，洗净，切丁。
❷ 奶酪软化；鸡蛋打散成蛋液，加入奶酪拌匀，加些面粉搅成面糊。
❸ 高汤煮沸，加入面糊，再撒上芹菜碎、胡萝卜丁煮熟即可。

这么吃长得高
奶酪富含钙，作为奶制品，可以给孩子适量补充。家长要注意选购低盐、少添加物的奶酪，注意看食品配料表。

芙蓉丝瓜

材料

丝瓜1根,蛋清1个,植物油、水淀粉、盐各适量

做法

❶ 丝瓜去皮,洗净,切丁。

❷ 油锅烧热,放入蛋清炒至凝固,放入丝瓜丁翻炒均匀。

❸ 加适量水煮至丝瓜软烂,用水淀粉勾芡,加盐调味即可。

这么吃更强壮

蛋清中蛋白质含量丰富,丝瓜属于夏季时令蔬菜,也可搭配鸡蛋做成丝瓜炒鸡蛋或丝瓜蛋汤。

黄瓜卷

材料

黄瓜1根,鲜香菇4朵,胡萝卜、春笋各半根,芝麻油、盐各适量

做法

❶ 胡萝卜、春笋分别去皮,洗净,切丝,焯熟;鲜香菇去蒂,洗净,切丝,焯熟。

❷ 黄瓜洗净,切片;胡萝卜丝、鲜香菇丝、春笋丝加盐、芝麻油拌匀,腌制15分钟后放在黄瓜片上,卷成黄瓜卷即可。

这么吃更强壮

黄瓜可以生吃,也可以炒菜,生吃比较爽口;胡萝卜含有丰富的胡萝卜素;春笋含维生素C和膳食纤维。

蛋白质　钾　钙

奶香瓜球

材料

冬瓜1小块，牛奶100毫升，虾米、水淀粉、盐各适量

做法

❶ 冬瓜去皮去瓤，洗净，用挖球器制成冬瓜球。

❷ 虾米浸泡1小时，切碎，取适量泡虾米的水与冬瓜球一起入锅煮。

❸ 冬瓜球煮熟后，加入牛奶、虾米，加盐调味，用水淀粉勾芡即可。

这么吃长得高

冬瓜是水分多、含钾量高的蔬菜，夏季可适量摄入。奶类是钙的良好来源。

蛋白质　钙　维生素C

圣女果虾仁沙拉

材料

虾仁5个，圣女果3个，红甜椒、黄甜椒各半个，柠檬汁、蛋黄酱、炼乳各适量

做法

❶ 虾仁洗净，放入蒸锅，隔水蒸5分钟。

❷ 圣女果洗净，对半切开；红甜椒、黄甜椒分别洗净，切条。

❸ 炼乳加蛋黄酱、柠檬汁调成柠檬蛋黄酱，加入虾仁、圣女果块、甜椒条拌匀即可。

这么吃长得高

虾仁富含优质蛋白和钙；甜椒含有丰富的维生素C；炼乳属于奶制品，含有丰富的蛋白质和钙。

苦瓜炒蛋

材料

苦瓜1根，鸡蛋2个，盐、植物油各适量

做法

❶ 鸡蛋打散加盐拌匀成蛋液；苦瓜洗净，去瓤，切片。

❷ 油锅烧热，加入蛋液炒熟盛出。

❸ 锅中留底油，加苦瓜片炒熟，再加入炒熟的鸡蛋翻炒片刻，加盐调味即可。

这么吃更强壮

苦瓜富含维生素C（食用前可焯水去除部分苦味），与富含维生素A的鸡蛋搭配，营养丰富，也更容易让孩子接受。如果孩子不接受苦瓜的味道也不要勉强。

蛋白质　卵磷脂　维生素C　维生素A

冬瓜肝泥馄饨

材料

猪肝30克，冬瓜50克，馄饨皮10张，盐适量

做法

❶ 冬瓜去皮去瓤，洗净，切末；猪肝洗净，加适量水煮熟，捣成泥。

❷ 将冬瓜末和猪肝泥混合，加盐搅拌成馅，用馄饨皮卷好，上锅蒸熟即可。

这么吃视力好

猪肝含有丰富的铁、锌、维生素A等营养素，可以每周给孩子吃1次或2次肝类，有助于保护视力和预防缺铁性贫血。

碳水化合物　蛋白质　铁　维生素A

丝瓜虾皮粥

材料

大米40克，丝瓜半根，碎虾皮10克

做法

❶ 丝瓜洗净，去皮，切丁；大米洗净。

❷ 将大米加入锅中，加适量水煮成粥，快熟时，加入丝瓜丁和碎虾皮同煮至烂熟即可。

这么吃长得高

虾皮中含有较高的钙，是补钙的好食材。虾皮中一般都有盐，所以丝瓜虾皮粥无须再另外加盐。

香杞牛柳

材料

牛里脊肉200克，杞果1个，蛋清1个，青甜椒条、红甜椒条、料酒、干淀粉、盐、植物油各适量

做法

❶ 牛里脊肉洗净，切条，加蛋清、盐、料酒、干淀粉腌制10分钟；杞果去皮，取果肉切粗条。

❷ 油锅烧热，下牛肉条快速翻炒，放入青、红甜椒条继续翻炒。

❸ 出锅前放入杞果条、盐拌炒一下即可。

这么吃视力好

杞果含有丰富的胡萝卜素，有益于孩子的视力，还含维生素C、磷、铁等营养素，与富含蛋白质的牛里脊肉搭配，能够提高孩子的抗病能力。

芙蓉虾仁

材料

虾仁150克,蛋清3个,植物油、黑胡椒粉、盐、葱花、料酒各适量

做法

❶ 虾仁洗净,放入黑胡椒粉、料酒、盐腌制10分钟;蛋清打散。

❷ 油锅烧热,滑一下虾仁立刻盛出。

❸ 锅中倒入蛋清,炒到稍微凝固,加入虾仁和适量盐拌炒均匀,出锅前撒上葱花即可。

这么吃更聪明

虾属于低脂高蛋白食品,还富含钙、铁、锌、硒等营养素,可以经常给孩子食用,以促进智力发育、增强免疫力。

杧果燕麦酸奶

材料

原味酸奶1盒,杧果1个,手指饼干2根,燕麦片、葡萄干、核桃碎各适量

做法

❶ 杧果去皮,取果肉切块。

❷ 将原味酸奶铺在器皿的底部,依次放上杧果块、燕麦片和手指饼干,加入葡萄干和核桃碎点缀即可。

这么吃更强壮

杧果含胡萝卜素、维生素C等营养素,与酸奶、燕麦片、葡萄干搭配,酸酸甜甜,有助于孩子开胃。

南瓜饼

材料
南瓜100克,糯米粉200克,白糖、红豆沙各适量

做法
❶ 南瓜去子,洗净,包上保鲜膜,放微波炉加热10分钟。
❷ 挖出南瓜肉,加糯米粉、白糖和成面团。
❸ 将红豆沙搓成小圆球,包入南瓜面团中,轻压成饼坯,上锅蒸10分钟即可。

这么吃精力足
南瓜口感甘甜,富含胡萝卜素;红豆沙的主要配料是红豆和糖,可健脾益胃,但热量较高,要控制用量。

南瓜牛肉条

材料
牛肉100克,南瓜1小块,盐、植物油各适量

做法
❶ 牛肉洗净,余至七成熟,捞出切条。
❷ 南瓜去皮去瓤,洗净,切条。
❸ 油锅烧热,下南瓜条、牛肉条炒熟后,加盐调味即可。

这么吃精力足
南瓜含有一定量的碳水化合物和丰富的胡萝卜素;牛肉富含蛋白质、铁、锌等。

菠萝鸡翅

材料

鸡翅中5个，菠萝半个，高汤、料酒、白糖、盐、植物油各适量

做法

❶ 鸡翅中洗净，沥干；菠萝去皮，洗净，切块。

❷ 油锅烧热，放入鸡翅中，煎至两面金黄后盛出。

❸ 锅中留底油，加白糖炒至金黄色，加入鸡翅中，加盐、料酒、高汤，大火煮沸。

❹ 加入菠萝块，转小火炖至汤汁浓稠即可。

这么吃更强壮

菠萝可以作为水果生吃，也可以与其他食材搭配做成菜肴，例如菠萝饭、菠萝鸡翅。

蛋白质　胡萝卜素　维生素C

香菇螺旋面

材料

螺旋面50克，土豆半个，胡萝卜半根，鲜香菇2朵，盐、芝麻油各适量

做法

❶ 土豆、胡萝卜分别去皮，洗净，切丁；鲜香菇去蒂，洗净，切片。

❷ 将土豆丁、胡萝卜丁、香菇片放入锅中，加水、盐和芝麻油，煮熟后捞出。

❸ 锅中加适量水煮沸，放入螺旋面，加盐调味，煮熟捞出放入盘中，再铺上土豆丁、胡萝卜丁、香菇片即可。

这么吃精力足

螺旋面与土豆中含有的碳水化合物可以为孩子提供充足的能量，可搭配肉类、深绿色蔬菜，营养更丰富。

碳水化合物　胡萝卜素

莲子扁豆粥

材料
白扁豆、山药、莲子各15克，大米50克

做法
❶ 莲子、白扁豆分别洗净，浸泡6小时；大米洗净。
❷ 山药去皮，洗净，切丁。
❸ 锅中放入大米、莲子、白扁豆，加适量水煮1小时后，加入山药丁，煮熟即可。

这么吃精神旺
莲子含有丰富的钾、磷等营养素，可以去火、助眠。比起白粥，杂粮粥或杂豆粥营养更丰富。

银耳红枣汤

材料
银耳2~3朵，花生仁20克，红枣4颗

做法
❶ 银耳冷水泡发，洗净，撕小朵；红枣去核，洗净；花生仁洗净。
❷ 锅中加适量水，放入银耳煮沸，放入花生仁、红枣同煮，待花生煮烂即可。

这么吃更强壮
银耳红枣汤营养丰富，可润肺止咳。银耳含有蛋白质和矿物质，喝汤的时候别忘了吃食材。

银耳樱桃粥

材料

银耳1朵，樱桃30克，大米50克，盐适量

做法

❶ 大米洗净；樱桃盐水泡5分钟，洗净，去梗去核；银耳冷水泡发，洗净，撕小朵。

❷ 大米、银耳入锅煮熟，加入樱桃煮沸即可。

这么吃精力足

大米煮粥易消化吸收，可为腹泻的孩子补充能量。但大米粥过于单调，搭配其他食材，美味又健康。

莲藕薏米排骨汤

材料

排骨100克，薏米20克，莲藕1节，醋、盐各适量

做法

❶ 莲藕洗净，去皮，切片；薏米洗净，浸泡30分钟；排骨洗净，斩段，氽烫去血水，捞出洗净，沥干。

❷ 排骨放入锅中，加适量水，大火煮沸后加醋，转小火煲1小时。

❸ 放入莲藕片、薏米，转大火煮沸，转小火继续煲1小时，加盐调味即可。

这么吃长得高

此汤营养全面，味道鲜美，特别适合生长发育期的孩子食用。

莲藕蒸肉

材料

猪肉末100克,莲藕1节,葱花、姜水、盐、白胡椒粉各适量

做法

❶ 莲藕去皮,洗净,切厚片;猪肉末中加姜水、盐、白胡椒粉拌匀。

❷ 将肉馅塞进藕片孔里,摆盘,撒上葱花。

❸ 锅中加适量水,将盘子放入蒸锅中,隔水蒸15分钟至熟即可。

这么吃更强壮

猪肉的吃法很多,如果孩子不喜欢吃肉丝或肉丁,可以做成莲藕蒸肉,和莲藕一起吃,不仅营养丰富,口感也更好。

山药虾仁饼

材料

山药半根,虾仁50克,干淀粉、植物油、盐各适量

做法

❶ 虾仁洗净,用盐、干淀粉腌制10分钟后剁泥。

❷ 山药去皮,洗净,切段,入蒸锅蒸熟,捣成泥,与虾仁泥一起制成饼坯。

❸ 油锅烧热,将饼坯煎至两面金黄即可。

这么吃更强壮

山药属于薯芋类,蛋白质含量不高,可以跟肉类或豆类搭配食用,营养互补。

时蔬拌蛋丝

材料

鸡蛋1个,鲜香菇3朵,胡萝卜、干淀粉、醋、生抽、白糖、盐、芝麻油、植物油各适量

做法

❶ 鲜香菇去蒂,洗净,切丝,焯熟;胡萝卜去皮,洗净,切丝,入油锅煸炒。

❷ 盐、醋、生抽、白糖、芝麻油调成料汁;干淀粉加适量水调匀;鸡蛋打散成蛋液,加入盐、淀粉汁拌匀。

❸ 油锅烧热,加入蛋液摊成饼,盛出切丝后与胡萝卜丝、香菇丝一起摆盘,淋上料汁拌匀即可。

这么吃视力好

胡萝卜富含胡萝卜素,鸡蛋含维生素A,对保护孩子的视力很有帮助。

红薯二米粥

材料

红薯1个,红枣3颗,大米、小米各适量

做法

❶ 大米、小米分别洗净;红枣去核,洗净;红薯去皮,洗净,切块。

❷ 锅中放适量水,加入大米、小米,煮沸后加入红枣、红薯块,煮熟即可。

这么吃精力足

大米、小米、红薯搭配煮粥,口感甜香,营养也更丰富,特别适合过敏体质的孩子食用。小米含有丰富的胡萝卜素,铁含量也比大米高。

五谷黑白粥

碳水化合物　B族维生素　钾

材料

小米、干百合各10克，大米、黑米、山药各20克

做法

❶ 大米、小米、黑米洗净，放入锅中加水熬煮。

❷ 山药去皮，洗净，切丁；干百合洗净，泡发，掰小瓣。

❸ 米粥大火煮沸，放入山药丁、百合，转小火煮约30分钟即可。

这么吃脾胃好

五谷黑白粥食材丰富，粗细粮搭配煮粥，营养互补。但家长要注意把黑米煮烂，便于孩子消化吸收。

胡萝卜粉丝汤

碳水化合物　钙　胡萝卜素

材料

虾皮20克，粉丝、胡萝卜各50克，香菜10克，鸡汤1碗，植物油、葱丝、姜丝、盐各适量

做法

❶ 胡萝卜去皮，洗净，切丝；粉丝烫熟；香菜洗净，切段。

❷ 油锅烧热，爆香葱丝、姜丝，放虾皮煸炒，再加入胡萝卜丝同炒，加入鸡汤，煮沸后放粉丝稍煮，加盐调味，撒上香菜段即可。

这么吃长得高

虾皮属于高钙食材，但含盐也较多，做汤时适量放入，可以起到增鲜的作用。

鸡肝胡萝卜粥

碳水化合物　蛋白质　铁　维生素A　胡萝卜素

材料

大米50克,鸡肝25克,胡萝卜半根,植物油、盐各适量

做法

❶ 胡萝卜去皮，洗净，切碎；大米洗净；鸡肝洗净，切丁。

❷ 油锅烧热，加鸡肝丁炒至变色，加入胡萝卜碎翻炒均匀，加盐调味。

❸ 将大米放入电饭锅中，加适量水煮成米粥，盛入碗中，浇上炒好的胡萝卜鸡肝即可。

这么吃视力好

鸡肝中含有较多蛋白质、维生素A、铁、锌等营养成分；胡萝卜富含胡萝卜素、可溶性膳食纤维。两种食材与大米一道做成粥，味美可口，可以为孩子补充多种营养物质。

胡萝卜汁

胡萝卜素

材料

胡萝卜2根

做法

❶ 胡萝卜去皮，洗净，切片。

❷ 将胡萝卜片放入榨汁机榨成汁，过滤出汁液即可。

这么吃视力好

胡萝卜含有丰富的胡萝卜素，可榨汁、炒菜。胡萝卜还可以与苹果、番茄搭配榨汁，味道更好，营养也更丰富。

西蓝花牛肉通心粉

材料

通心粉100克,西蓝花1小颗,牛肉50克,柠檬半个,植物油、盐、芝麻油各适量

做法

❶ 西蓝花洗净,掰小朵;牛肉洗净,切碎,用盐腌制10分钟。

❷ 油锅烧热,放入腌好的牛肉碎,翻炒至呈深褐色关火。

❸ 另起一锅,加适量水煮沸,放入通心粉,快煮熟时放入西蓝花,煮好后捞出沥干。

❹ 通心粉和西蓝花盛入盘中,撒上牛肉碎,淋入芝麻油,挤入柠檬汁调味即可。

这么吃更强壮

如果孩子不喜欢吃西蓝花,可以换成番茄或茄子等,还可以搭配菠菜等绿叶蔬菜。

芋头丸子汤

材料

芋头1个,牛肉100克,盐适量

做法

❶ 芋头去皮,洗净,切丁。

❷ 牛肉洗净,绞成馅,加一点水,沿着一个方向搅上劲,做成丸子。

❸ 锅中加适量水煮沸,下入牛肉丸子和芋头丁,再次煮沸后转小火煮熟,加盐调味即可。

这么吃更强壮

芋头含有丰富的淀粉和钾等。可以在芋头丸子汤里面加入番茄或青菜,既能丰富汤的口感,还能帮孩子补充微量元素和膳食纤维。

冬季能量储备餐

蛋白质　脂肪酸　α-亚麻酸

核桃乌鸡汤

材料

乌鸡半只，核桃仁、枸杞、葱段、姜片、盐各适量

做法

❶ 乌鸡洗净，剁块，氽水，去浮沫，捞出洗净。
❷ 将乌鸡块放入砂锅中，加适量水，放入核桃仁、枸杞、葱段、姜片同煮；煮沸后转小火，炖至肉烂，加盐调味即可。

这么吃更聪明

核桃仁中含有较多的亚油酸与 α-亚麻酸，其中 α-亚麻酸在体内可转化成DHA，对孩子大脑发育具有一定帮助。

芋头排骨汤

蛋白质　膳食纤维

材料

排骨100克，芋头2个，料酒、葱花、姜片、盐各适量

做法

❶ 芋头去皮，洗净，切块；排骨洗净，斩段，氽烫去血水，捞出洗净，沥干。
❷ 排骨段、姜片、葱花、料酒放入锅中，加适量水，大火煮沸，转中火焖煮15分钟。
❸ 拣出姜片，加入芋头块和盐，小火煮45分钟即可。

这么吃精力足

荤汤的油脂多，需要补充能量的孩子在吃肉的基础上可以适量多喝汤，但已经超重或肥胖的孩子则需要控制喝荤汤的量。

白萝卜汤

材料

白萝卜1根，香菜、盐、高汤、植物油各适量

做法

❶ 白萝卜去皮，洗净，切块；香菜洗净，切段。

❷ 油锅烧热，放入白萝卜块翻炒片刻，加盐、高汤煮沸，转小火至萝卜软烂，撒上香菜段即可。

这么吃脾胃好

白萝卜含有一定量的钾、钙、维生素C、膳食纤维等营养素，有润肺通气的作用，冬天食用，补益效果好。

红烧猪脚

材料

猪脚1个，冰糖10克，老抽、八角、姜片、料酒、桂皮、盐、植物油各适量

做法

❶ 猪脚洗净，刮毛，斩块，汆水。

❷ 油锅烧热，放冰糖，小火熬至熔化，放入猪脚翻炒至上色，加入老抽、姜片、八角、桂皮、料酒，翻炒出香味，加适量水煮至猪脚软烂，大火收汁，加盐调味即可。

这么吃精力足

猪脚含有大量的胶原蛋白和脂肪，可以偶尔给孩子解解馋。

蒸白菜肉卷

材料

猪肉末150克,白菜叶2片,干香菇、黑木耳、盐、生抽、蒜末、芝麻油、葱花各适量

做法

❶ 干香菇、黑木耳分别温水泡发,洗净,切丁;白菜叶焯至八成熟捞出,切条。

❷ 猪肉末中放香菇丁、黑木耳丁、葱花、蒜末,加芝麻油、生抽、盐拌匀成肉馅。

❸ 将肉馅均匀地放在白菜叶上,卷好后放入蒸锅中,隔水蒸30分钟至熟即可。

这么吃更强壮

猪肉为孩子提供优质蛋白和铁、锌等营养元素;白菜含膳食纤维,适量摄入膳食纤维可以促进肠道蠕动。

香菇鸡片

材料

鸡胸脯肉50克,鲜香菇4朵,红甜椒1个,植物油、高汤、姜片、盐各适量

做法

❶ 鲜香菇去蒂,洗净,切片;红甜椒洗净,切块;鸡胸脯肉洗净,切片。

❷ 油锅烧热,放入鸡肉片炒至变色,盛出。

❸ 另起油锅烧热,爆香姜片,放入香菇片和红甜椒块翻炒,炒软后加入高汤煮沸,加盐调味,加入鸡肉片,再次翻炒,大火收汁即可。

这么吃更强壮

鸡肉是良好的蛋白质来源,鸡肉中铁的含量介于畜肉和鱼肉之间;香菇营养丰富,味道鲜美,含有香菇多糖和多种维生素等。

蛋白质　钙

卷心菜蒸豆腐

材料

卷心菜嫩叶2片，鸡蛋1个，豆腐1/4块，盐适量

做法

❶ 卷心菜嫩叶洗净，切碎；豆腐洗净，切末。
❷ 鸡蛋取蛋黄打散，加入豆腐末搅拌成泥状。
❸ 再加入卷心菜碎和适量水、盐，搅拌后放入蒸锅中蒸熟即可。

这么吃更强壮

卷心菜蒸豆腐富含蛋白质、钙等，营养丰富，易于消化。

碳水化合物　蛋白质　胡萝卜素

茄汁鸡肉饭

材料

鸡丁150克，土豆1个，胡萝卜半根，米饭1碗，洋葱、番茄酱、盐、植物油各适量

做法

❶ 土豆、胡萝卜、洋葱分别去皮，洗净，切丁；番茄酱加水，拌匀成芡汁。
❷ 油锅烧热，下鸡丁煸炒，放入胡萝卜丁、洋葱丁、土豆丁，翻炒片刻后加少许水。
❸ 小火煮至土豆丁绵软，加盐调味，加入芡汁煮至汤汁浓稠，浇在米饭上即可。

这么吃精力足

米饭、土豆富含碳水化合物，可以为孩子提供能量；胡萝卜中胡萝卜素含量较高，胡萝卜素可转化为维生素A，保护孩子的视力。

玉米面发糕

材料
面粉、玉米面各100克，酵母、白糖各适量

做法
❶ 面粉、玉米面、白糖、酵母拌匀，加适量水揉成面团。
❷ 面团放入蛋糕模具中，放温暖湿润处发酵40分钟左右。
❸ 面团坯放入蒸锅，大火蒸20分钟，取出后拿下模具，切厚片即可。

这么吃精力足
玉米面发糕含有丰富的碳水化合物，可以为孩子提供能量。

红薯红枣粥

材料
红薯半个，大米30克，红枣3颗

做法
❶ 红薯洗净，去皮，切块；红枣洗净，去核，切片。
❷ 大米洗净，加适量水，大火煮沸转小火，加入红薯块和红枣片，慢慢煮至大米与红薯熟烂即可。

这么吃肠胃好
红薯富含淀粉、膳食纤维、胡萝卜素等。红薯红枣粥喝起来甜甜的，更容易引起孩子的食欲。

95

香菇鸡丝粥

材料

鸡肉、大米各50克，黄花菜10克，鲜香菇3朵，盐适量

做法

❶ 黄花菜泡发，洗净；鲜香菇去蒂，洗净，切丝。

❷ 鸡肉洗净，切丝，用盐腌制；大米洗净。

❸ 将大米、黄花菜、香菇放入锅中，加适量水煮沸，再放入鸡丝煮至粥熟即可。

这么吃长得高

黄花菜含有丰富的钙、钾、铁、锌、烟酸等。香菇鸡丝粥食材多样，营养丰富，有利于孩子生长发育。

排骨汤面

材料

面条50~100克，排骨100克，盐、芝麻油各适量

做法

❶ 排骨洗净，斩段，汆烫去血水，捞出洗净，沥干。

❷ 将排骨放入锅中，加适量水，大火煮沸后，转小火炖2小时。

❸ 盛出排骨汤放入另一锅中，去除表层过多的油脂，加入面条煮熟，加盐、芝麻油盛出，加上排骨即可。

这么吃精力足

排骨汤煮面味道鲜美，还可以加入蔬菜，如青菜、香菇、胡萝卜等，营养更丰富。

白菜肉末面

材料

面条、白菜各100克，猪瘦肉50克，鸡蛋1个，盐、植物油各适量

做法

❶ 猪瘦肉洗净，剁末，入油锅炒熟；白菜洗净，切末；鸡蛋打散成蛋液。

❷ 锅中加适量水煮沸，加入面条煮软后，放入肉末、白菜末稍煮，再将蛋液淋入锅中，加适量盐即可。

这么吃精力足

如果孩子喜欢吃面条，可以适量增加吃面条的次数并搭配各种蔬菜，这样更有营养。

碳水化合物　蛋白质　钙

肉酱意大利面

材料

意大利面100克，猪肉末50克，番茄1个，植物油、番茄酱、盐、蒜末、葱花各适量

做法

❶ 番茄焯水，去皮，切丁；油锅烧热，爆香蒜末，加入猪肉末，翻炒至变色，放入番茄丁，中火翻炒至软，加盐、番茄酱、没过食材的水，小火煮30分钟至酱汁略收干。

❷ 另起一锅加适量水，放入1小勺盐煮沸，将意大利面放入锅中煮8分钟，捞出过凉水，沥干后盛在盘子里，浇上酱汁，撒上葱花即可。

这么吃精力足

意大利面中含有碳水化合物，可为孩子提供充足的能量。肉酱意大利面风味独特，用番茄酱调味，有利于调动孩子的胃口。

碳水化合物　蛋白质　铁　锌　胡萝卜素

食疗是预防 + 辅助治疗

第 **9** 章

生病调理食谱：
让孩子好得更快

便秘：多吃蔬菜和杂粮

便秘常常由消化不良或脾胃虚弱引起，过多地食用鱼、肉、蛋，较少摄入谷物、蔬菜等也是一个重要原因。可适量多给孩子吃红薯、竹笋、燕麦等富含膳食纤维的食物。因为孩子肠道功能尚不完善，一般不宜用导泻剂治疗，否则容易引发肠道功能紊乱。

膳食纤维　果胶

苹果玉米汤

材料
玉米半根，苹果1个

做法
❶ 苹果洗净，去皮去核，切丁；玉米洗净，切块。
❷ 把玉米块、苹果丁放进锅中，加适量水，大火煮沸，再转小火煮10分钟即可。

这么吃肠胃好
苹果玉米汤含有丰富的膳食纤维。苹果中的果胶可以吸收本身容积2.5倍的水分，使粪便变软易于排出，从而解决孩子便秘的问题。

膳食纤维　胡萝卜素

红薯甜汤

材料
红薯1个

做法
❶ 红薯洗净，去皮，切丁。
❷ 锅中加适量水，放入红薯丁，大火煮沸，转小火炖至红薯软烂即可。

这么吃肠胃好
红薯含有一定量的膳食纤维，有利于增强肠道蠕动，缓解便秘症状。

黑芝麻花生粥

碳水化合物　蛋白质　维生素　脂肪酸

材料

黑芝麻20克,花生仁、大米各50克

做法

❶ 大米洗净;黑芝麻炒香;花生仁洗净。

❷ 将大米、黑芝麻、花生仁一起放入锅中,加适量水,大火煮沸,转小火煮至大米、花生仁熟透即可。

这么吃肠胃好

黑芝麻和花生均富含蛋白质、维生素、脂肪酸和膳食纤维,有利于润肠通便。便秘的孩子喝粥时可以添加坚果、蔬菜等,这有利于缓解便秘症状。

芹菜胡萝卜炒香菇

膳食纤维　胡萝卜素　维生素

材料

芹菜100克,鲜香菇4朵,胡萝卜1根,葱花、姜末、盐、植物油各适量

做法

❶ 芹菜去叶,洗净,切段;胡萝卜去皮,洗净,切片;鲜香菇去蒂,洗净,切块。

❷ 油锅烧热,爆香姜末、葱花,放入芹菜段、胡萝卜片、鲜香菇块煸炒至熟,加盐翻炒均匀即可。

这么吃肠胃好

三种食材均富含膳食纤维,适量摄入有利于预防便秘。

腹泻：饮食以软、烂、温、淡为原则

腹泻有生理性腹泻、胃肠道功能紊乱导致的腹泻、感染性腹泻等。对于非感染性腹泻，要以饮食调养为主。进食无膳食纤维、低脂肪的食物，能使孩子的肠道减少蠕动，同时营养成分又容易被吸收，所以制作腹泻孩子的膳食应以软、烂、温、淡为原则。

荔枝粥

材料

荔枝5颗，大米80克

做法

❶ 荔枝剥皮，去核；大米洗净。

❷ 将荔枝、大米放入锅中，加适量水，大火煮沸，转小火熬煮至粥稠即可。

这么吃肠胃好

荔枝含维生素、矿物质等，含糖量较高，具有补充能量、增加营养的作用。荔枝粥适合因腹泻而大量失水、缺乏营养的孩子食用。

焦米糊

材料

大米50克，白糖适量

做法

❶ 将大米炒至焦黄，研成细末状的焦米粉。

❷ 在焦米粉中加适量的水和白糖，煮成稀糊。

这么吃肠胃好

大米含碳水化合物、钙、磷、铁、烟酸等，有补中益气、健脾养胃的功效。

核桃粉阴米粥

材料

阴米 100 克，核桃适量

做法

❶ 核桃剥壳取出核桃仁，平铺在烤盘里，放入烤箱中用 180℃ 烘烤 10 分钟。

❷ 烤好的核桃仁放凉后搓去核桃皮，装入保鲜袋中，用擀面杖碾压成核桃碎末。

❸ 阴米洗净放入锅中，加适量水，大火煮沸后转中小火煮 10 分钟至粥黏稠，再搭配上碾好的核桃碎末即可。

这么吃肠胃好

阴米具有暖脾、补中益气的功效，对体虚的孩子有很好的滋补作用。

碳水化合物　蛋白质　钙

玉米山药煲脊骨

材料

猪脊骨 500 克，玉米 1 根，山药 1 段，葱结、姜片、白醋、盐各适量

做法

❶ 猪脊骨洗净，放入冷水锅中煮沸，去血沫，捞出洗净；玉米洗净，切段；山药去皮，洗净，切块。

❷ 脊骨放入砂锅中，加适量水、葱结和姜片，淋少许白醋，大火煮沸后转小火炖约 1 小时，再加入玉米段和山药块，继续炖 30 分钟，加少许盐调味即可。

这么吃肠胃好

山药能健脾养胃，有助于脾胃系统功能的恢复。腹泻的孩子可以适量多吃。

碳水化合物　蛋白质

感冒：多吃富含维生素 C 的果蔬

中医把感冒分为两种，分别有不同的应对方法。风热感冒的症状为发热、头胀痛、咽喉肿痛、多汗、鼻塞、流脓涕、咽部红痛、咳嗽、痰黄而稠、口渴、舌质红等。忌食热性食物。风寒感冒是由受凉引起，一般表现为怕冷、发热较轻、无汗、鼻塞、流清涕、打喷嚏、咳嗽、头痛等。应当忌食冬瓜等凉性食物。

葱白粥

材料
大米50克，葱白2根

做法
❶ 大米洗净。
❷ 将大米放入锅中，加适量水，大火煮沸，放入葱白，煮至粥稠即可。

这么吃精力足

葱白粥富含碳水化合物，易于消化，可为孩子迅速补充能量。葱白性温，适用于风寒感冒的孩子食用。

陈皮姜粥

材料
陈皮、姜丝各10克，大米50克

做法
❶ 大米洗净。
❷ 锅中放入大米、陈皮、姜丝，加适量水，大火煮沸，转小火煲熟即可。

这么吃精力足

陈皮含有橙皮素，生姜含有姜辣素，二者都是辛温食物，能发汗解表，对风寒感冒有很好的缓解效果。

生姜红糖水

材料

生姜10克，红糖30克

做法

❶ 生姜去皮，洗净，切丝。

❷ 锅中加适量水，放入姜丝煮沸，放入红糖，用勺子搅拌至全部溶解，大火煮5分钟即可。

这么吃更强壮

生姜含姜辣素和姜油酮等成分，能起到解表散寒、疏风活血的效果。适当喝一些生姜红糖水，能起到治疗风寒感冒的效果。

芥菜粥

材料

芥菜30克，大米50克，豆腐1小块

做法

❶ 芥菜洗净，切碎；豆腐洗净，切碎；大米洗净。

❷ 将大米放入锅中，加适量水，大火煮沸。

❸ 将芥菜碎、豆腐碎放入粥中，煮熟即可。

这么吃更强壮

芥菜粥营养丰富，能够为孩子提供多种必需的营养物质。芥菜具有散热润肺的功效，适合患风热感冒的孩子食用。

发热：流食为主，少食多餐

孩子发热时，新陈代谢会加快，营养物质和水的消耗将增加，而消化液的分泌却减少，消化能力也大大减弱，胃肠蠕动的速度减慢。所以要补充充足的水分、大量的矿物质和维生素，供给适量的热能和蛋白质，以流质和半流质饮食为主，少食多餐。

碳水化合物　维生素C　生物碱

荷叶粥

材料
鲜荷叶1张，大米100克，冰糖适量

做法
❶ 鲜荷叶洗净煎汤，去渣取汁。
❷ 大米放入荷叶汤汁中，煮成稀粥，加冰糖调味即可。

这么吃精力足
荷叶含有荷叶碱、莲碱等成分，做成粥后，适合有发热口渴、食欲不振等症状的孩子食用。

碳水化合物

金银花米粥

材料
金银花10克，大米50克

做法
❶ 大米洗净；金银花洗净。
❷ 将大米放入锅中，加适量水，煮20分钟后，加金银花同煮，10分钟后关火即可。

这么吃精力足
金银花性寒，能清热解毒，可用于多种病症引起的发热症状。

凉拌西瓜皮

材料

西瓜皮100克，红甜椒1个，盐、白糖、醋各适量

做法

❶ 西瓜皮削去外面的翠衣，洗净，放入容器中，加盐、白糖拌匀，腌制1小时；红甜椒洗净，切丁，焯熟。

❷ 腌软的西瓜皮切丁，放入碗中。

❸ 碗中放入红甜椒丁，淋上适量醋拌匀即可。

这么吃精力足

西瓜皮也能做成一道菜，搭配红甜椒，爽口美味，富含维生素。

西瓜皮芦根饮

材料

芦根20克，西瓜皮100克，冰糖适量

做法

❶ 芦根洗净；西瓜皮削去外面的翠衣，洗净，切块。

❷ 芦根煮水放冰糖，晾凉；西瓜皮放入芦根水中，冷藏即可。

这么吃精力足

西瓜皮性凉，有利尿消肿、清热解暑的功效；芦根有清热生津、止呕利尿的功效。西瓜皮芦根饮不但可以为发热的孩子补充水分，也有一定的辅助退热作用。

过敏：缓解症状，找到过敏原

过敏是机体一种特殊的病理性免疫反应，即人体受到某种变应原（过敏原）刺激后，引起某一组织或器官出现强烈的反应。导致孩子发生过敏有多种途径，如吸入、注入、接触或摄入。食物过敏主要是摄入引起过敏的食物而导致的。常见比较容易引起过敏的食物有牛奶、鸡蛋、花生、腰果、鱼、大豆、小麦等。

碳水化合物 维生素C 苹果酸

苹果汁

材料
苹果1个，柠檬汁、蜂蜜各适量

做法
❶ 苹果洗净，去皮去核，切块。
❷ 将苹果块放入榨汁机中，加适量纯净水，榨汁，倒出苹果汁，根据孩子的口味加入适量蜂蜜和柠檬汁即可。

这么吃抗过敏
苹果是不易引起过敏的水果，但应根据孩子对食物的个体化反应来决定是否食用。

膳食纤维

丝瓜金针菇

材料
丝瓜1根，金针菇100克，盐、水淀粉、植物油各适量

做法
❶ 丝瓜洗净，去皮，切条；金针菇洗净，焯水。
❷ 油锅烧热，放入丝瓜翻炒，再放金针菇翻炒至断生，加盐调味，用水淀粉勾芡即可。

这么吃抗过敏
金针菇的菌柄中含有一种蛋白，对抑制哮喘、鼻炎、湿疹等过敏性病症有一定的辅助作用。

银耳梨粥

碳水化合物　蛋白质　维生素

材料
大米30克,梨1个,银耳20克

做法
❶ 银耳冷水泡发,洗净,撕小朵;梨洗净,去皮去核,切块;大米洗净。
❷ 将大米、银耳、梨一同放入锅中,加适量水,同煮至米烂粥稠即可。

这么吃抗过敏

银耳含有蛋白质、维生素,可增强孩子的免疫力。与梨搭配煮粥,清热生津,口味爽甜。多食银耳在一定程度上可以辅助改善秋燥导致的皮肤干燥、过敏、瘙痒等症状。

香蕉粥

碳水化合物　钾

材料
大米40克,香蕉1根

做法
❶ 香蕉去皮,切片;大米洗净,放入锅中煮至米烂。
❷ 出锅前,将切好的香蕉片放入即可。

这么吃抗过敏

大米不易引起过敏,过敏的孩子可以试着多选用白米或米粉制作的食物来提供碳水化合物和能量。

哮喘：多摄入蛋白质和维生素

哮喘是呼吸道变态反应性疾病，主要症状是咳嗽、气急、喘憋、呼吸困难。起病可缓可急，缓者轻咳、打喷嚏和鼻塞，逐渐出现呼吸困难；急者开始即呼吸困难，严重时可能危及生命。患病的孩子应多吃富含蛋白质和维生素的食物，如豆腐、鸡蛋、蔬菜、水果等。

杏麻豆腐汤

材料
杏仁15克，麻黄30克，豆腐125克

做法
❶ 豆腐洗净，切小块；杏仁、麻黄装入纱袋，与豆腐同煮1小时。
❷ 取出纱袋，将汤盛出即可。

这么吃不气喘

麻黄有镇咳、祛痰的作用；杏仁可辅助降气、定喘、止咳。二者同食，特别适用于寒性哮喘。

蒸柚子鸡

材料
柚子1个，仔鸡1只，盐适量

做法
❶ 仔鸡处理干净，切块。
❷ 柚子切开去瓤，将鸡块塞入柚子皮内，隔水蒸3小时左右，加盐调味即可。

这么吃不气喘

柚子味甘酸、性寒，具有理气化痰、润肺清肠、补血健脾等功效，对孩子哮喘有一定辅助治疗效果。

冰糖蜜西瓜

材料
小西瓜1个，蜂蜜、冰糖各20克

做法
❶ 小西瓜洗净，切下蒂部做盖子，用汤匙挖去少量瓜瓤，剩余瓜瓤挖出，切成小块。
❷ 冰糖敲碎，与蜂蜜、瓜瓤块一同装入西瓜，加盖，隔水蒸1小时，盛入碗内食用即可。

这么吃不气喘

西瓜有清热、化痰、定喘的作用，孩子夏季哮喘时可食用。

红枣炖南瓜

材料
南瓜300克，红枣6颗，红糖20克

做法
❶ 南瓜洗净，去皮去瓤，切块；红枣洗净，去核。
❷ 南瓜块、红枣放入砂锅，加适量水和红糖，大火煮沸后转小火炖至南瓜熟透即可。

这么吃不气喘

红枣炖南瓜有止咳平喘的功效，适用于脾气亏虚型哮喘的孩子。

咳嗽：生津润燥，化痰止咳

咳嗽是人的一种保护性呼吸反射动作。咳嗽的孩子饮食以清淡为主，要多吃新鲜的蔬菜和水果，可食少量瘦肉或禽蛋类食品，少吃甜食，忌食油腻、辛辣。无论是哪种咳嗽，都应该让孩子多喝水，不要等到口渴时才喝水。

维生素C　B族维生素

番茄柚子汁

材料

红心柚子半个，番茄1个

做法

❶ 柚子去皮，取果肉；番茄焯水，去皮，切块。
❷ 柚子和番茄一起放入榨汁机中榨汁即可。

这么吃不咳嗽

番茄含维生素C，柚子含B族维生素、胡萝卜素、钾、磷等营养素，对缓解孩子咳嗽有一定辅助作用。

膳食纤维　维生素C

川贝炖梨

材料

梨1个，冰糖10克，川贝、枸杞各适量

做法

❶ 川贝洗净；枸杞洗净。
❷ 梨洗净，去皮，切下蒂部做盖子，挖去梨核；将冰糖、川贝、枸杞一起放入梨中，隔水蒸40分钟即可。

这么吃不咳嗽

熟后分2次给孩子吃，有润肺、止咳、化痰的作用，对风热咳嗽较为有效。

银耳雪梨汤

碳水化合物　蛋白质　维生素

材料

银耳50克，雪梨1个，冰糖、枸杞各适量

做法

❶ 银耳冷水泡发，洗净，撕小朵；雪梨洗净，去皮去核，切块；枸杞洗净。

❷ 锅中加适量水，加入银耳，大火煮沸，转小火慢炖30分钟；将雪梨块加入银耳汤中，继续炖15分钟。

❸ 放几粒枸杞，并放入适量冰糖拌匀，继续煮5分钟即可。

这么吃不咳嗽

银耳雪梨汤有润肺、化痰止咳、清热生津的作用，适合咳嗽的孩子食用。

萝卜冰糖饮

碳水化合物　膳食纤维

材料

白萝卜1根，冰糖适量

做法

❶ 白萝卜洗净，去皮，切块，放入榨汁机中，加适量水榨汁，取汁25毫升。

❷ 加入冰糖，待冰糖溶解饮用即可。

这么吃不咳嗽

白萝卜性凉，有止咳化痰的功效；冰糖具有润肺、止咳、清痰的作用。两者结合，每日饮用1次或2次，对缓解孩子咳嗽有一定的辅助作用。

湿疹：多摄入维生素和矿物质

湿疹是一种过敏性皮肤病。儿童皮肤发育尚不健全，最外层表皮的角质层很薄，因此容易发生过敏。过敏儿童的食物中要有丰富的维生素、矿物质和水，碳水化合物和脂肪要适量，少吃盐，以免体内积液太多。

B族维生素　钙　钾　碘

绿豆海带大米粥

材料
海带60克，绿豆、大米各50克，盐适量

做法
❶ 大米洗净；绿豆洗净，浸泡6小时；海带洗净，切片。
❷ 海带片、绿豆、大米一同入锅，加适量水煮熟，加盐调味即可。

这么吃去湿疹

绿豆海带大米粥做晚餐，不仅能补充水分，还能及时补充矿物质，增强孩子的机体免疫功能，提高孩子的抗菌、抗过敏能力。

膳食纤维　B族维生素

玉米汤

材料
玉米须50克，玉米粒100克

做法
❶ 玉米须洗净，玉米粒剁碎。
❷ 将玉米须、玉米粒碎放入锅中，加适量水炖煮至熟，滤出汁液即可。

这么吃去湿疹

玉米含膳食纤维、B族维生素等成分，性平味甘，有健脾、除湿、利尿等作用。

芦根鱼腥草饮

材料

鲜芦根100克，鱼腥草15克，白糖适量

做法

❶ 鲜芦根洗净，切段；鱼腥草洗净，切碎。

❷ 鲜芦根与鱼腥草同煮，取汁250毫升，加白糖调味即可。

这么吃去湿疹

芦根鱼腥草饮有清热解毒的功效，可以预防孩子湿疹。

维生素　矿物质

豆腐菊花羹

材料

豆腐100克，野菊花10克，蒲公英15克，盐适量

做法

❶ 野菊花与蒲公英洗净，放入锅中，加适量水同煮，取汁200毫升。

❷ 豆腐洗净，切块，加入汁液中，炖煮至熟，加盐调味即可。

这么吃去湿疹

豆腐菊花羹有清热解毒的功效，可以在湿疹的恢复期食用。

蛋白质　钙　维生素

215

鼻出血：多吃凉性食物，注意补水

鼻出血是儿童易发病。儿童鼻黏膜较脆嫩，春季空气干燥，鼻黏膜容易出血。其他多种疾病也会导致鼻出血，如果孩子经常鼻出血，应该及时就医。食疗可对缓解鼻出血起辅助作用。孩子可多吃莲藕、荸荠、苦瓜、豆腐等食物，并注意补充水分。

碳水化合物　磷　钾

莲藕荸荠萝卜汤

材料
莲藕、荸荠、萝卜各50克

做法
❶ 莲藕、荸荠、萝卜洗净，去皮，切碎。
❷ 三种食材放入锅中，加适量水煮成汤即可。

这么吃止鼻血
莲藕能止血生肌，荸荠能生津止血。这道汤特别适合因空气干燥引起鼻出血的孩子饮用。

蛋白质　钙　磷

豆腐苦瓜汤

材料
豆腐200克，苦瓜100克，盐适量

做法
❶ 豆腐洗净，切片；苦瓜洗净，去瓤，切丝。
❷ 砂锅加适量水，放入豆腐、苦瓜。
❸ 用大小火交替煲20分钟，加盐调味即可。

这么吃止鼻血
豆腐、苦瓜均能清热降火，因燥热而鼻子出血的孩子食用更佳。

牛奶水果丁

蛋白质　钙　钾

材料

牛奶200毫升，苹果、梨、桃、猕猴桃各1个

做法

❶ 牛奶加热；苹果、梨、桃分别洗净，去皮去核，切丁；猕猴桃洗净，去皮，切丁。

❷ 将热牛奶冲入水果丁即可。

这么吃止鼻血

牛奶富含蛋白质和钙，水果含钾、镁等矿物质。这道甜品可增强孩子的体质，预防鼻出血。

金银花苦瓜汤

维生素　胡萝卜素　钾

材料

金银花5克，苦瓜100克

做法

❶ 苦瓜洗净，去瓤，切片；金银花洗净。

❷ 苦瓜片与金银花加适量水同煮20分钟，取汁即可。

这么吃止鼻血

金银花与清热降火的苦瓜搭配煮水，可辅助预防鼻出血。

三餐四季健康有味

家長們的專屬營養

膳食指南

辛丑冬月峴山後靈題